NOUVELLE METHODE
EN GEOMETRIE
POUR
LES SECTIONS
DES
SUPERFICIES CONIQUES,
ET CYLINDRIQUES,

Qui ont pour bases des cercles, ou des Paraboles, des Elipses, & des Hyperboles.

Par PH. DE LA HIRE, *Parisien.*

A PARIS,

Chez

L'Autheur ruë neuve de Mont-martre, entre Saint Joseph & la ruë de Clery.

Et THOMAS MOETTE, au bas de la ruë de la Harpe, proche le Pont S. Michel, à l'Image S. Alexis

M. DC. LXXIII.

AVEC PERMISSION.

A MONSEIGNEUR

MONSEIGNEUR

COLBERT,

MARQUIS DE SEIGNELEY,

Conseiller du Roy en tous ses Conseils,
Ministre & Secretaire d'Estat.

MONSEIGNEVR,

Le libre accés que trouvent auprés de
VOSTRE GRANDEVR ceux qui font pro-

* ij

feſſion des Sciences & des beaux Arts, me fait eſperer qu'encore que je n'aye pas l'honneur d'en eſtre connu ; Vous aurez toutefois la bonté d'accepter l'offre que je prens la liberté de vous faire de cét Ouvrage ; C'eſt, MONSEIGNEVR, un des premiers fruicts que j'ay recueillis de l'étude de la Geometrie à laquelle je me ſuis appliqué depuis pluſieurs années. Je le preſente à VOSTRE GRANDEVR comme un tribut legitime, puiſque j'ay le bien d'eſtre né François, & que vous eſtes le digne Chef & Protecteur de cette illuſtre Academie Royale que vous avez renduë la plus celebre de l'Europe, & par le moyen de laquelle vous faites renaître dans la France, ſous le regne du plus grand des Roys, les Mathematiques jadis tant eſtimées dans la Grece & chez les Anciens. Il contient une Methode nouvelle de Sections dont j'ay fait la découverte (ſi j'oɀe le dire) aſſez heureuſement pour en eſperer l'approbation des plus connoiſſans en cette Science ; Et comme ſans doute, elle ſera d'un grand ſecours par ſa facilité &

EPISTRE.

simplicité aux studieux qui voudront s'en servir. Je vous supplie tres-humblement, MONSEIGNEVR, d'agréer que je la mette au jour sous la faveur & protection de VOSTRE GRANDEVR, & de me permettre de prendre avec tout le respect que je dois la qualité,

MONSEIGNEVR,

De

Vostre tres-humble & tres-obeissant serviteur,

PH. DE LA HIRE.

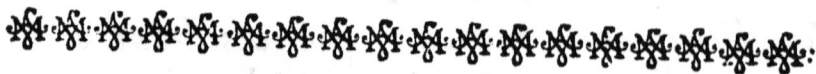

AVANT-PROPOS.

A PRE'S ce qu'*Apollonius* avoit recüeilly de l'Antiquité, & ce qu'il avoit trouvé sur les Sections Coniques, il sembloit que l'on ne dût plus rien attendre de nouveau sur cette matiere. Cependant dans ces derniers siecles plusieurs grans hommes y ont travaillé fort heureusement, & nous ont laissé un grand nombre de Propositions fort curieuses & fort utiles. Mais pour entendre ce qu'ils en ont écrit, il ne suffit pas de sçavoir parfaitement les élemens de Geometrie, il faut encore faire soy-mesme quantité de Lemmes qui estant joins à la maniere composée dont ils se servent, les rendent si difficiles, que ceux qui ne peuvent pas donner tout leur temps à cette étude sont épouvantez au seul aspect de leurs livres. Et puisqu'il n'y a personne qui en ait rien mis au jour en nostre langue, hormis Monsieur *Desargues* qui en a donné quelque chose sous le nom de Broüillon projet d'une atteinte aux évenemens des rencontres du Cone avec un plan, qui n'a point esté mis en sa perfection. I'ay crû que ce seroit faire plaisir à nostre Nation de produire cét Ouvrage en sa langue & que les étrangers ne seroient pas privez de l'utilité qu'ils en pourroient retirer, puisqu'il y en a fort peu qui ne la sçachent assez bien pour entendre les livres qui traittent des sciences dont ils ont la connoissance.

Ie n'aurois pourtant jamais pû me résoudre à luy faire voir le jour, si je n'avois crû que la simplicité de la methode que j'ay trouvée pourroit estre d'une grande utilité aux studieux, & si je n'avois veu que personne n'avoit encore pris ce chemin. Car dans ma premiere Proposition je démontre toutes les proportions des lignes qui venant d'un point où estant paralelles entr'elles, & rencontrant les Sections sont couppées par ces Sections & par

les lignes qui joignent les attouchemens ou par d'autres touchantes, ce qui comprend une grande partie des Propositions des livres d'Apollonius, & mesme plusieurs autres, dont il n'a point
parlé, ce qui est fort facile à entendre puisque ce n'est qu'une re-
petition continuelle de l'application d'une seule ligne couppée en
trois parties que j'ay nommée harmoniquement couppée, ce n'est
pas que j'entende que les parties prises separément soient en proportion harmonique ; mais en prenant une des extremes pour une,
la mesme avec celle du milieu pour une autre, & la toutte pour
la derniere, ces trois lignes seront en proportion harmonique, &
c'est ce qui m'a obligé de luy donner ce nom. Aprés cette propo-
tion j'avois resolu de finir par la puissance des ordonnées en les
comparant aux rectangles sous les parties de leurs diametres :
Mais je me suis trouvé insensiblement engagé à y ajoûter quel-
ques autres Propositions des plus utiles, & qui pouvoient estre
facilement démontrées par la premiere, & enfin les Propositions
des anciens sur les poins de comparaison que j'ay nommez foyers
à l'imitation des modernes, & les démonstrations que j'en ay
données sont differentes de celles des autres, afin que cét Ouvrage
fut non-seulement entier, mais nouveau : J'ay obmis dans la
premiere Proposition quantité de Corrolaires ; mais ce sont des
choses si claires & si faciles que je n'ay pas crû qu'il fust necessaire d'en parler, & mesme je les suppose dans la suitte comme
connuës d'elles-mesmes, aprés ce qui a esté dit, j'ay aussi re-
tranché quantité de figures que l'on peut entendre facilement
sans qu'il soit besoin de les faire, & qui en auroient par trop
augmenté le nombre : J'ay rejetté le costé droit ou parametre &
la figure des anciens ayant pris un autre chemin qui à mon avis
ne sera pas si embarassant : puisque l'on se peut passer de cette
ligne & de cette figure pour démontrer la puissance des ordonnées,
& toutes les proprietez des Sections, ce que l'on n'avoit pas conneu
jusques à present. J'ay aussi donné la methode de faire les démonstrations des Sections des superficies Coniques qui ont pour

AVANT-PROPOS.

bases des *Paraboles*, des *Elipses* & des *Hyperboles*, & celles des superficies *Cylindriques* qui ont pour bases ces mesmes lignes courbes aussi bien que le cercle. Il ne me resteroit plus icy qu'à parler des utilitez de ces *Sections*; Mais chacun est assez persuadé que c'est une dès parties de plus considerables de la Geometrie.

J'avertis icy en finissant que le *Pere Gregoire de S. Vincent* Iesuite a démontré quelques-uns de mes *Lemmes*, entre lesquels il y en a où il n'a démontré que des cas particuliers, dont il a fait plusieurs *Propositions* qui se pouvoient réduire à une seule generale comme j'ay fait.

Parab. Fig. 38.

Ellip. Fig. 39.

Hyp. & Sect. opp. Fig. 40.

12

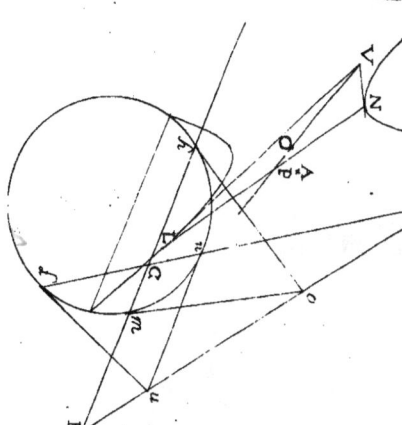

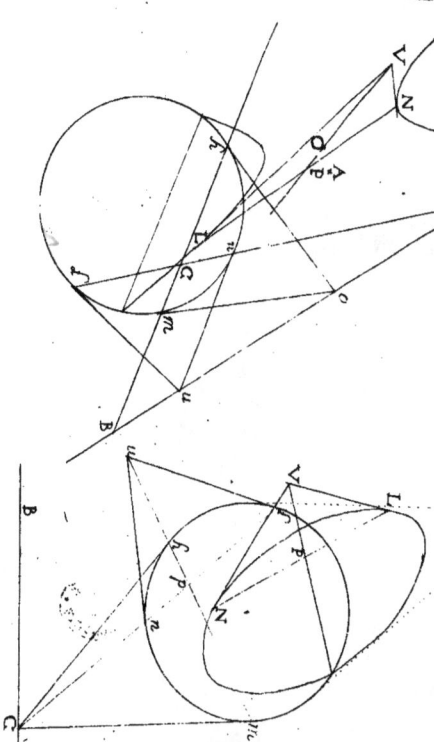

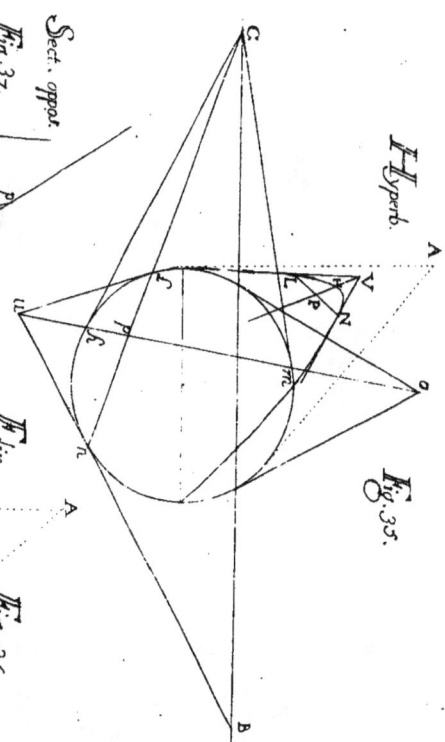

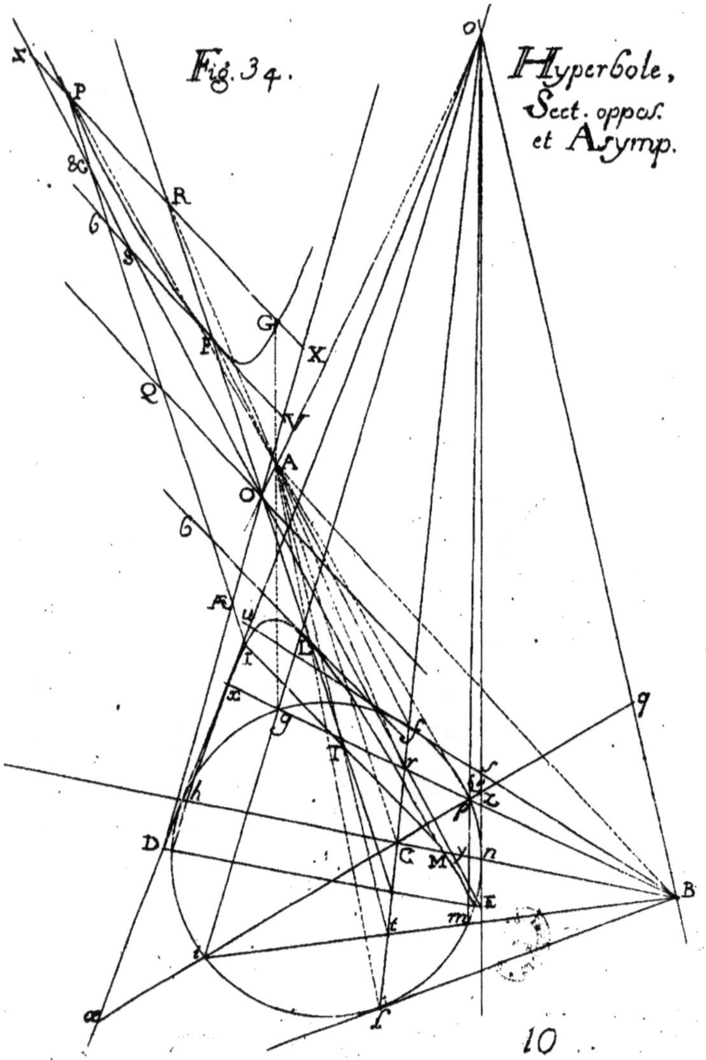

Fig. 34.

Hyperbole,
Sect. oppos.
et Asymp.

10

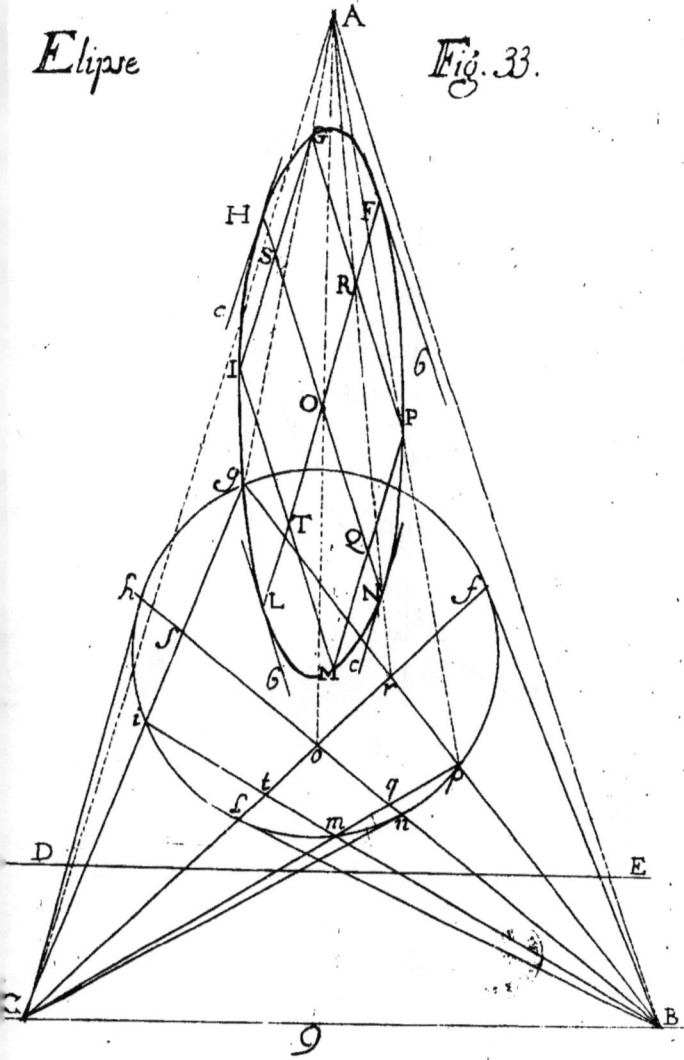

Elipse　　　　*Fig. 33.*

Parabole.

Fig. 3a

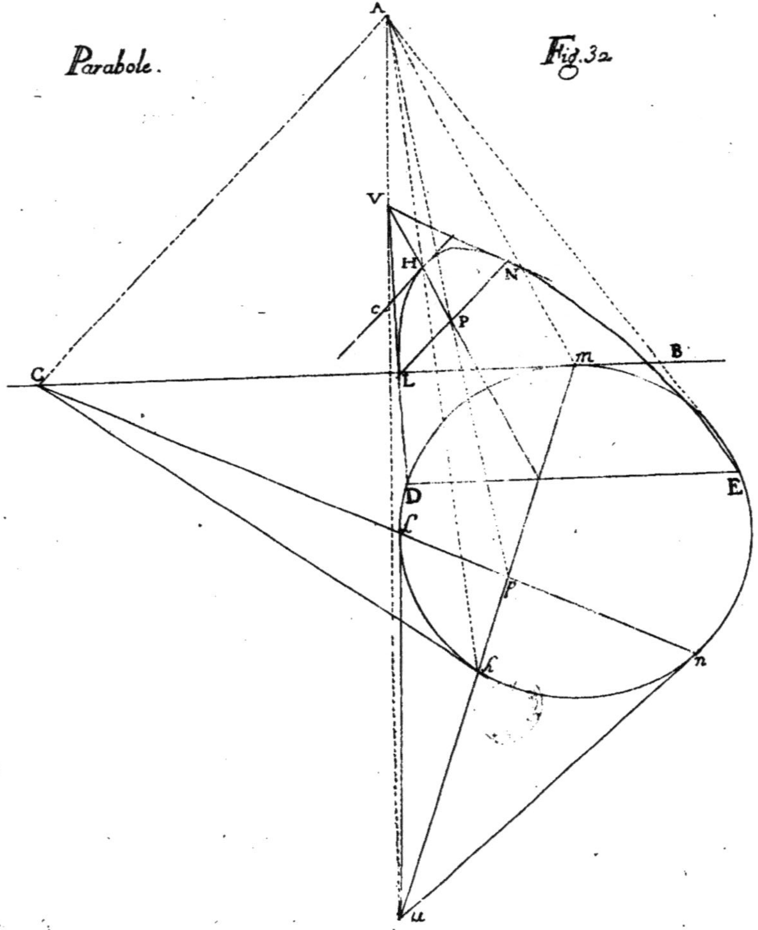

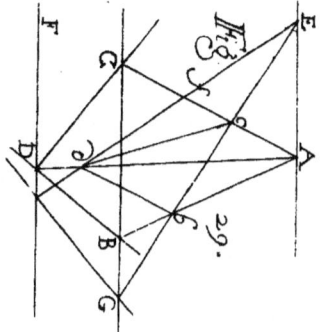

Fig. 29.

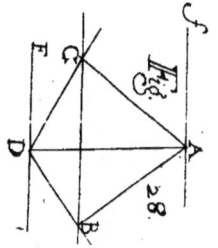

Fig. 28.

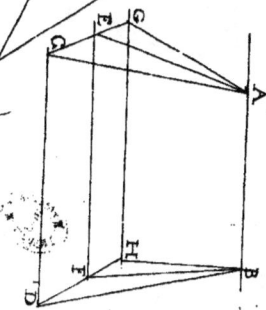

Fig. 30.

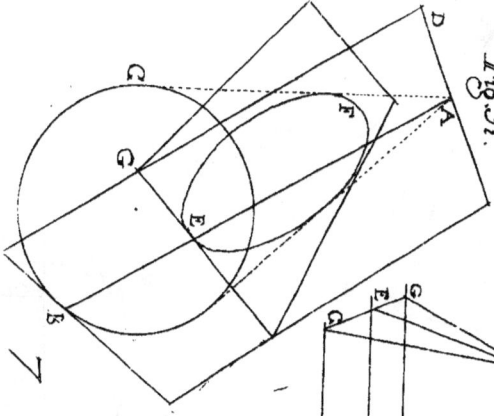

Fig. 31.

Fig. 27.

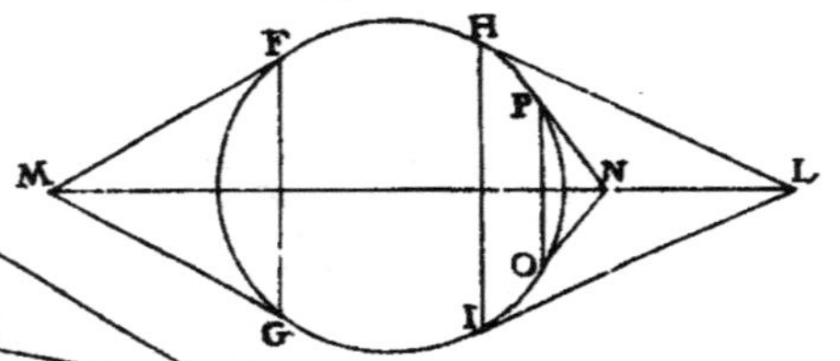

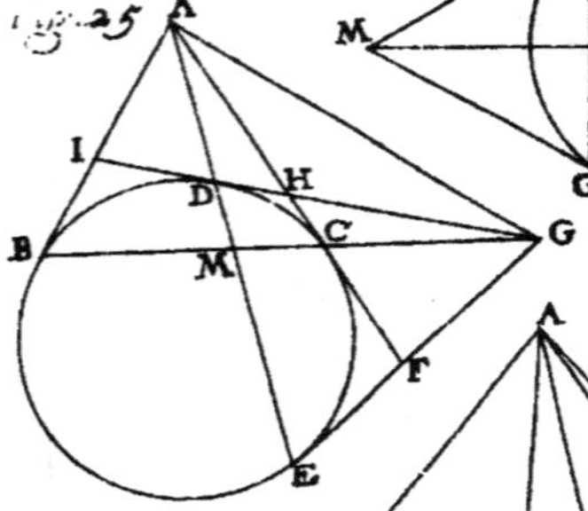

Fig. 26.

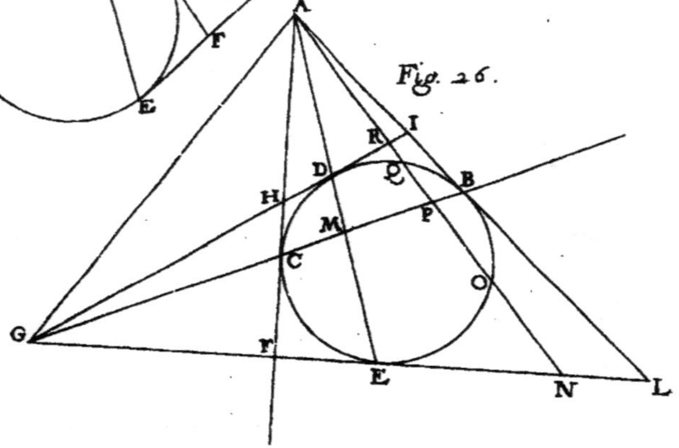

Fig. 25.

Fig. 24.

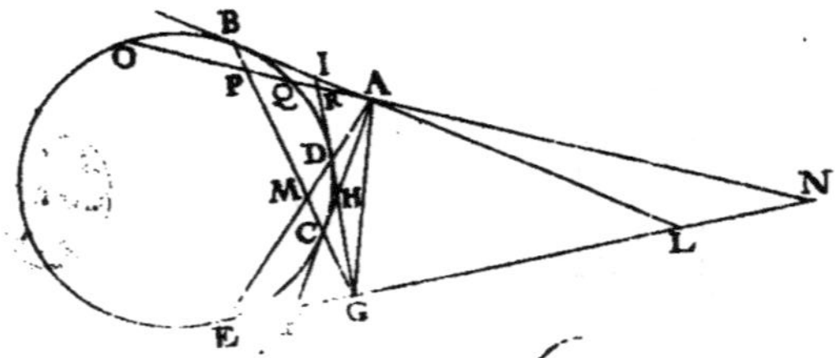

6

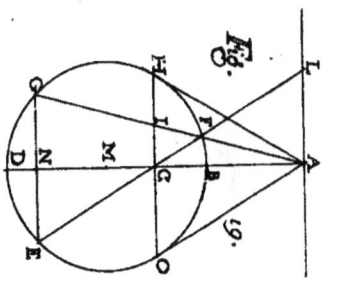

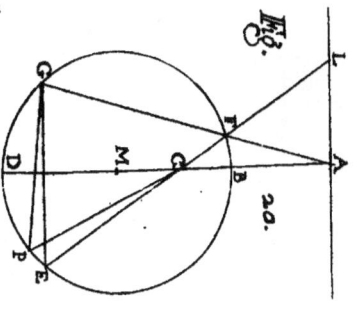

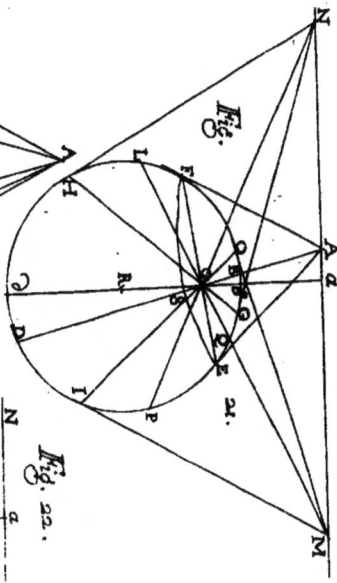

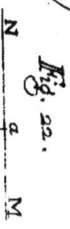

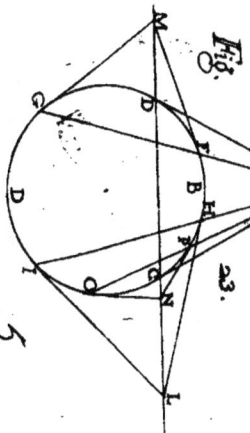

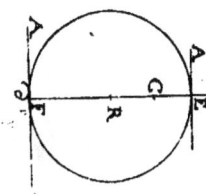

Fig. 19.

Fig. 20.

Fig. 21.

Fig. 22.

Fig. 23.

5

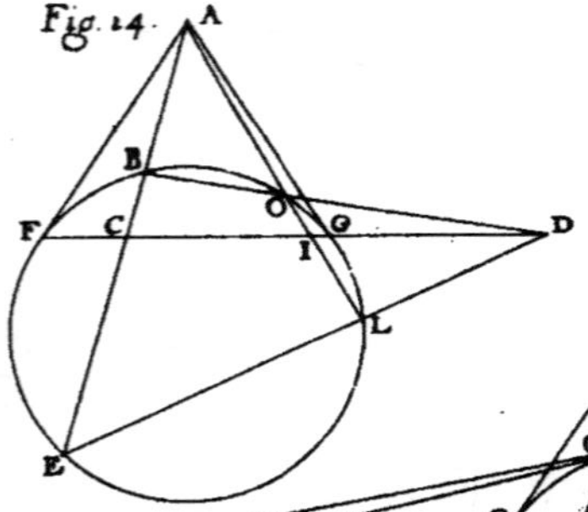

Fig. 14.

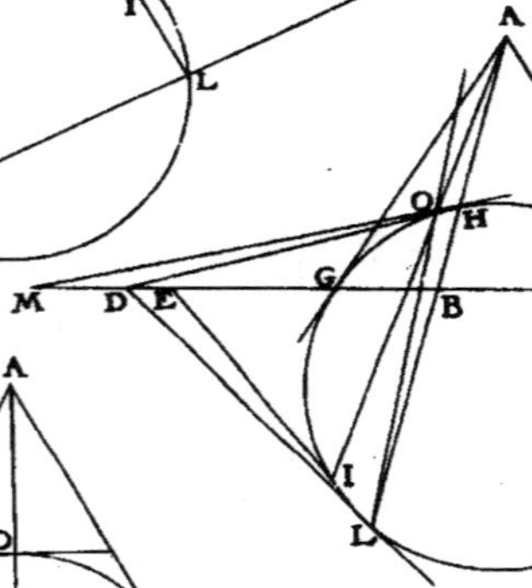

Fig. 15.

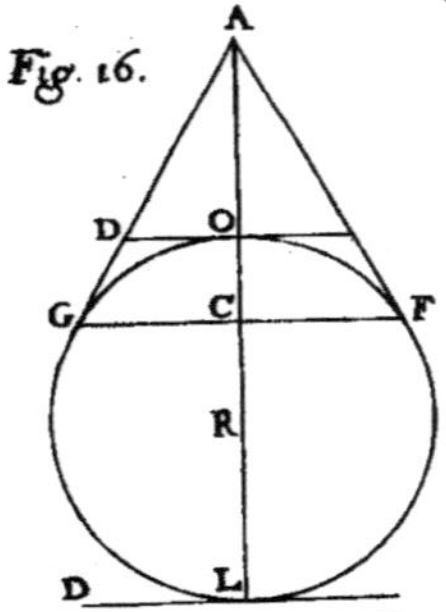

Fig. 16.

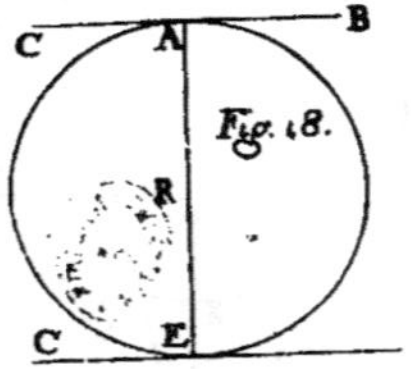

Fig. 17.

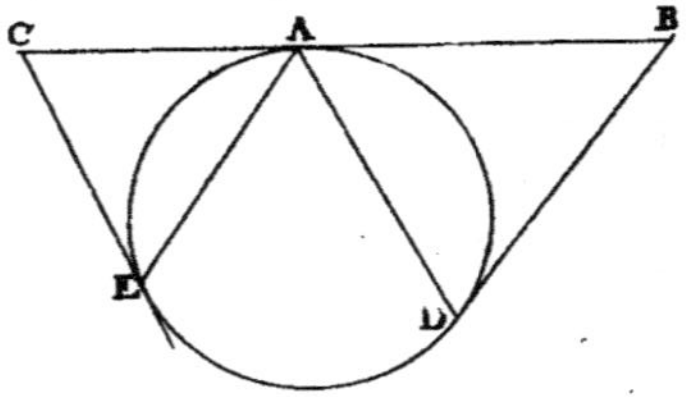

Fig. 18.

4

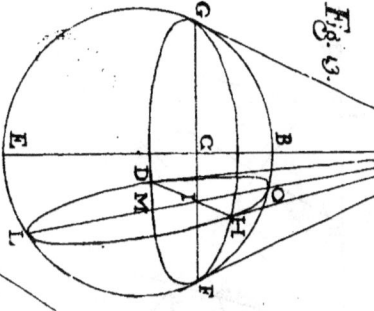

Fig. 8.

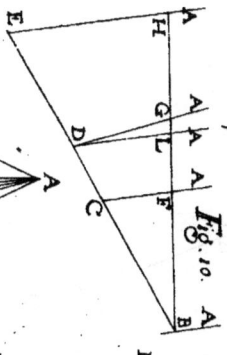

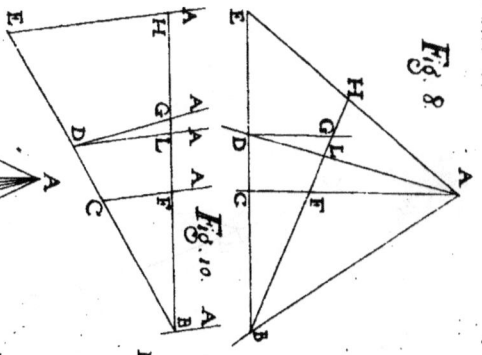

Fig. 10.

Fig. 9.

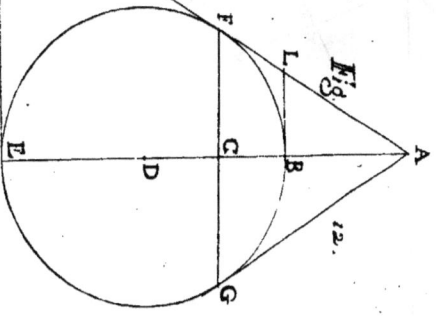

Fig. 13.

Fig. 11.

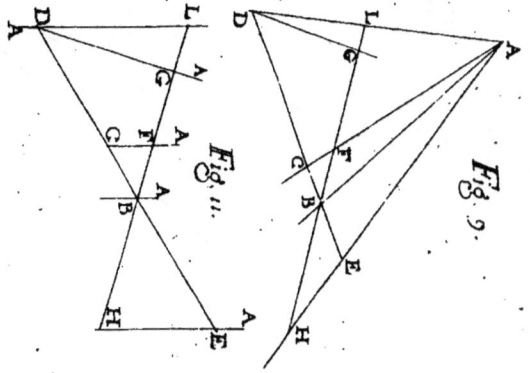

Fig. 12.

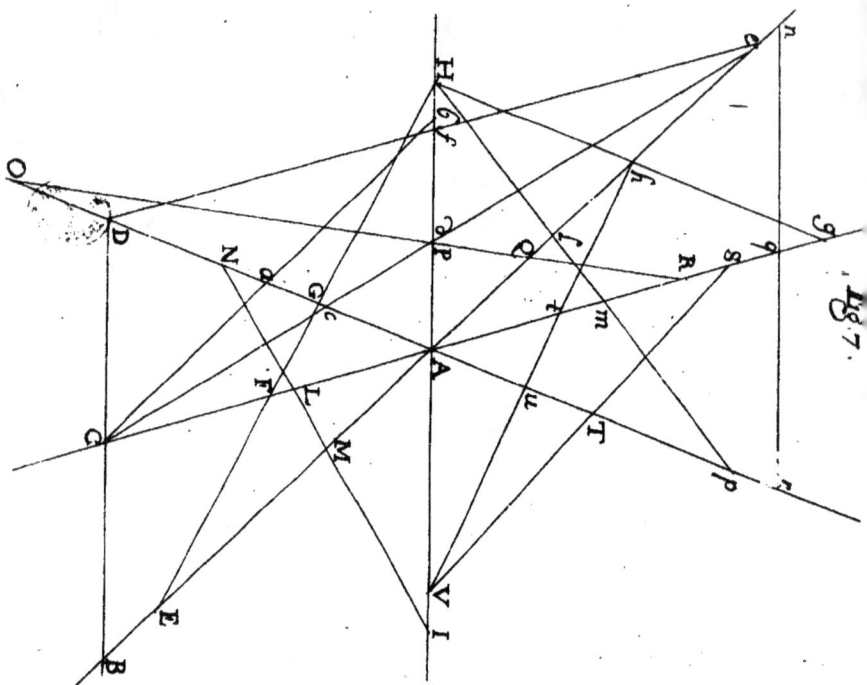

Fig. 7.

2

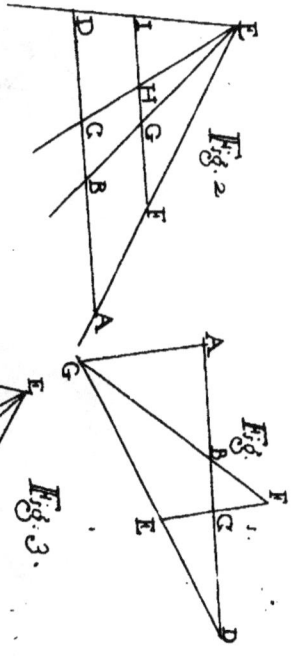

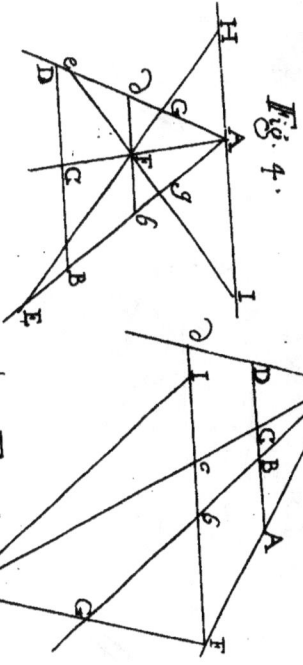

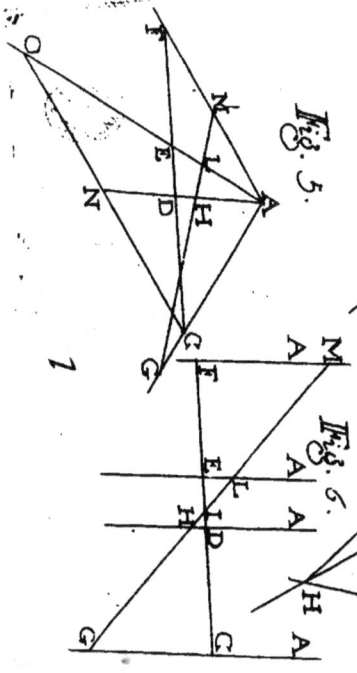

Fig. 2.

Fig. 3.

Fig. 4.

Fig. 5.

Fig. 6.

7

Fig. 1.

Fig. 2.

Fig. 3.

Fig. 4.

Fig. 5.

Fig. 6.

Fig. 7.

Fig. 8.

Fig. 10.

Fig. 11.

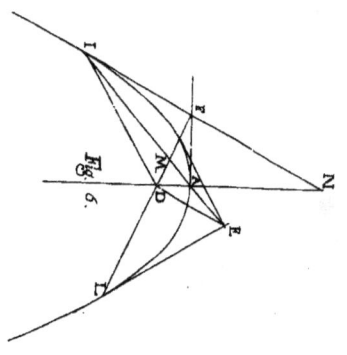

Fig. 6.

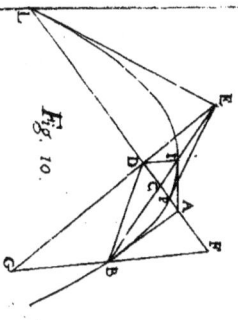

Fig. 10.

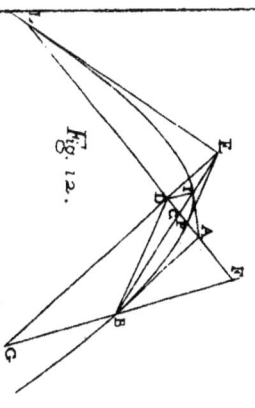

Fig. 12.

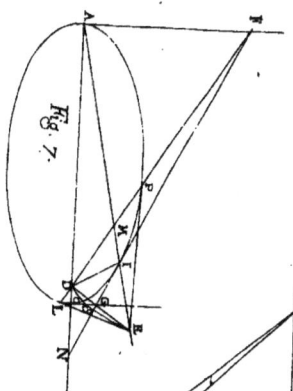

Fig. 7.

Fig. 11.

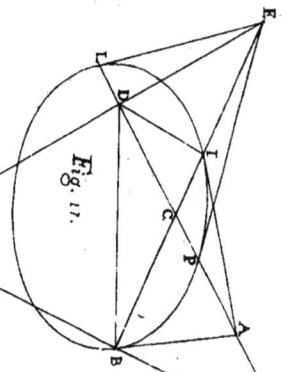

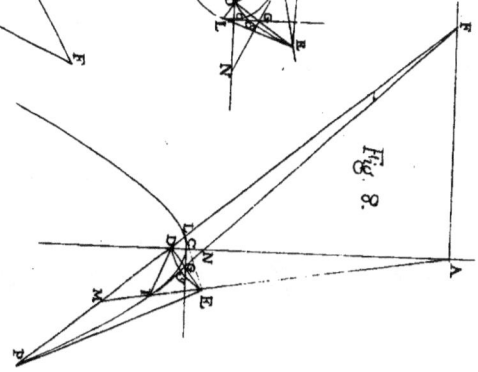

Fig. 8.

Fig. 13.

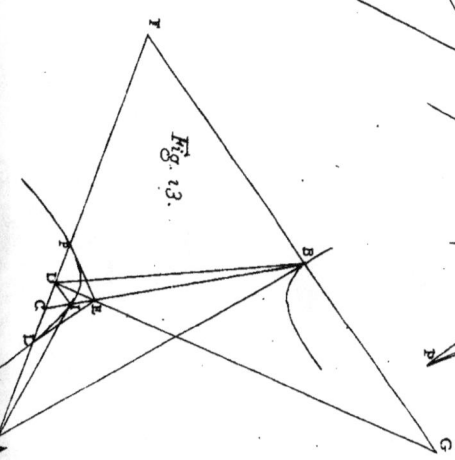

Fig. 5.

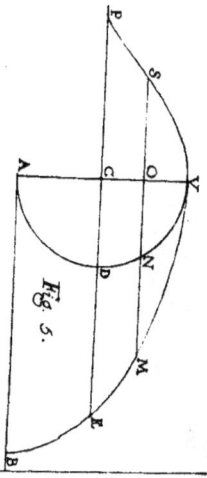

Fig. 9.

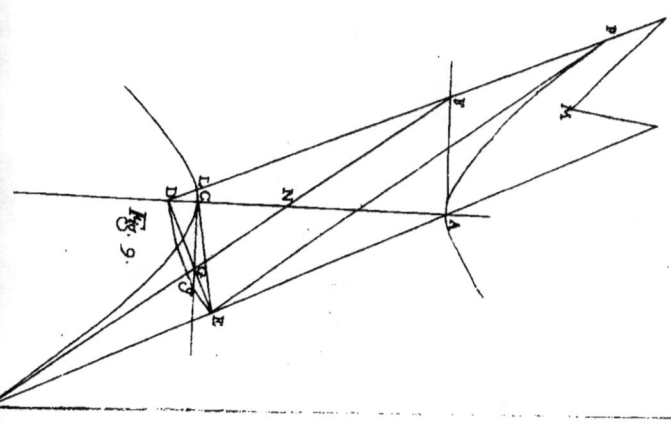

LEMMES.

Definition.

I'APPELLE une ligne droitte A D couppée en 3 parties har- *Fig.* moniquement quand le rectangle contenu fous la toutte A D *Fig.* & la partie du milieu B C eſt égal au rectangle contenu fous les deux parties extremes A B, C D : ou bien lorſque la toutte A D eſt à l'une des 2 extremes A B ou C D comme l'autre extreme C D ou A B eſt à la partie du milieu ce qui eſt la meſme choſe.

Lemme I.

Coupper une ligne droitte donnée A D en trois parties harmoni- *Fig.* quement. *1.*

De l'une des extremitez D de la ligne A D ſoit tiré la ligne D G faiſant quelqu'angle avec la ligne A D & ſoit D G à D E en quelle proportion l'on voudra, & ayant tiré la ligne G A, par le point E on menera une ligne E C F paralelle à G A & C F eſtant priſe égale à C E que l'on joigne G F qui couppera la ligne A D au point B : Je dis que comme D A eſt à D C ainſi B A eſt à B C.

Dans le triangle D G A la ligne E C étant paralelle à la baſe G A, D G ſera à D E comme D A à D C & comme D A à D C auſſi G A à E C ou à C F ſon égale : mais à cauſe que les lignes G A & C F ſont paralelles les triangles B A G, B C F ſeront ſemblables, & par conſe-quent G A ſera à C F comme B A à B C, mais G A eſt à C F comme D A à D C : D A ſera donc à D C comme B A à B C, ce qu'il falloit faire.

Lemme 2.

Si une ligne droitte A D eſtant couppée en trois parties harmoni- *Fig.* quèment, & ayant pris un point E hors de cette ligne meſme ſi elle *2.* étoit prolongée, ſi l'on tire de ce point E des lignes prolongées par les poins de diviſion A, B, C, D de la ligne A D : Je dis que la ligne F I

A

menée paralelle à A D & couppant les 4 lignes E A , E B , E C , E D aux poins F , G , H , I fera auſſi couppée en ces poins en 3 parties harmoniquement.

Dans le triangle E A D la ligne droitte F I eſt paralelle à la baſe A D ; donc dans chaque triangle E A B , E B C , E C D les parties de la ligne F I à ſçavoir F G , G H , H I feront paralelles aux baſes A B , B C , C D ; c'eſt pourquoy comme A D eſt à F I ainſi E A eſt à E F & comme E A eſt à E F ainſi A B eſt à F G : Mais comme E A eſt à E F ainſi E B eſt à E G : Mais comme E B eſt à E G ainſi B C à G H. deplus comme E A eſt à E F ainſi E C eſt à E H ; & comme E C eſt à E H ainſi C D à H I , c'eſt pourquoy comme la toutte A D & chacune de ſes parties A B , B C , C D ſont entr'elles ainſi la toutte F I & chacune de ſes parties auſſi F G , G H , H I feront entr'elles eſtant chacune ſeparement l'une à l'autre comme E A à E F ainſi qu'il a eſté démontré. C'eſt pourquoy puiſque A D eſt à A B , comme C D eſt à C B ; ainſi F I ſera à F G comme H I à H G , ce qu'il falloit prouver.

Scholie.

Mais ſi l'on tire par les poins de diviſion A , B , C , D , de la ligne A D des lignes E A , E B , E C , E D paralelles entr'elles : Je dis de meſme que la ligne F I menée paralelle a A D couppant ces quatre lignes aux poins F , G , H , I , ſera diviſée par ces meſmes poins en 3 parties harmoniquement.

La demonſtration en eſt évidente puiſque ces 4 lignes E A , E B , E C , E D étant paralelles entr'elles & les 2 A B , F I étant auſſi entr'elles compoſent les 4 paralellogrammes A I , A G , B H & C I & par conſequent les coſtez oppoſes feront égaux & en meſme proportion entr'eux, ce qu'il falloit démontrer.

Lemme 3.

Fig. 3. Les meſmes choſes que cy-devant étant poſées : ſi l'on mene la ligne droitte F H paralelle à l'une des extremes E A ou E D des 4 lignes menées du point E par les poins de diviſion de la ligne A D : Je dis que la ligne F G H ſera couppée en 2 parties égales par les 3 autres lignes E A , E B , E C.

Du point F on tirera la ligne F d paralelle à A D & du point H on tirera H I paralelle à celle du milieu E B des trois lignes qui couppent la ligne F H juſques à la rencontre de F d en I.

Par le Lemme precedent la ligne F *d* fera couppée en 3 parties aux poins F, *c*, *b*, *d* harmoniquement : mais à caufe des paralelles E *d* & F H les triangles *c d*E, *c* F H feront femblables, c'eft pourquoy E *c* fera à *c* H comme *d c* à *c* F & en compofant E H fera à E *c* comme *d* F à *d c* & en raifon inverfe E *c* fera à E H comme *d c* à *d* F. par mefme raifon à caufe des paralelles E *b*, HI les triangles *c* E *b*, *c* H I feront femblables & en compofant & renverfant comme cy-devant E *c* fera à E H comme *b c* à *b* I, donc *b c* eft à *b* I comme *d c* eft à *d* F : mais comme *d c* eft à *d* F de pofition ainfi *b c* eft à *b* F de pofition, *b c* fera donc à *b* F comme *b c* à *b* I & par confequent *b* F & *b* I feront égales : mais au triangle F H I, *b* G eft paralelle à la bafe H I & la ligne *b* G divife en 2 également la ligne F I au point *b* : elle divifera donc auffi en 2 également la ligne F H au point G, ce qu'il falloit prouver.

Lemme 4.

Une ligne droitte B D étant couppée en 2 également au point C; fi l'on prend quelque point A hors de cette ligne mefme fi elle étoit pro- longée, & ayant mené les lignes A B, A C, A D prolongées vers les parties de B D, fi l'on tire par le point A la ligne I A H paralelle à B D: Je dis que la ligne droitte E H couppant les lignes A B, A C, A D, A H aux poins E, F, G, H, fera couppée en 3 parties harmonique-ment en ces mefmes poins.

Fig. 4.

Que l'on mene par le point F la ligne droitte *b* F *d*, paralelle à B D qui fera divifée en 2 également en F : mais *b* F *d* & A H étant paral-elles les triangles E *b* F, E A H feront femblables donc E F fera à E H comme *b* F à A H, mais comme *b* F eft à A H ainfi F *d* qui eft égale à *b* F fera à A H & à caufe des paralelles F *d* & A H les triangles G F *d*, G H A feront femblables & par confequent comme F *d* eft à A H ainfi G F eft à G H, mais auffi comme F *d* eft à A H ainfi E F eft à E H donc E F eft à E H comme G F eft à G H, ce qu'il falloit démontrer.

Corrolaire.

De cecy il eft évident que les lignes A I, A B, A C, A D, A H font difpofées de telle façon que de quelque maniere qu'on les couppe foit avec la ligne E H ou avec la ligne *e* I elles feront toûjours fur la ligne couppante 3 parties E F, F G, G H ou bien *e* F, F *g*, *g* I en forte que ces lignes feront ainfi couppées en ces trois parties harmoniquement pourveu que la ligne couppante couppe quatre de ces lignes : car si elle n'en couppoit que trois & qu'elle fut paralelle à une quatriéme elle seroit divisée par ces trois lignes en 2 parties égales par le Lemme troisiéme.

Lemme 5.

Fig. 5. Une ligne droite C F estant couppée aux poins C, D, E, F, en trois parties harmoniquement : si l'on prend quelque point A hors de cette ligne, mesme si elle estoit prolongée & si ayant tiré des lignes A C, A D, A E, A F prolongées par le point A & par les poins de division de la ligne C D E F, on tire quelque ligne G M qui couppe ces 4 lignes aux poins G, H, L, M : Je dis que la ligne G M est couppée en 3 parties par les poins G, H, L, M harmoniquement.

Car ayant mené du point C la ligne C O paralelle a A F la ligne droitte C O sera couppée en deux également au point N par la ligne A D par le 3me Lemme & par le Corrolaire du 4me les lignes A C, A D N, A E O, A F seront disposées de telle façon que la ligne droite G M les couppant toutes quatre aux poins G, H, L, M elle sera divisée par ces mesmes poins en 3 parties harmoniquement, ce qu'il falloit démontrer.

Scholie.

Fig. 6. Mais si par les poins de division de la ligne C F on tire les lignes A C, A D, A E, A F toutes paralelles entr'elles : Je dis aussi que la ligne G M couppant ces 4 lignes aux poins G, H, L, M sera divisée par ces mesmes poins en 3 parties harmoniquement.

La demonstration de cecy est claire : car à cause des paralelles les triangles I M F, I L E, I G C, I H D seront semblables & en composant & divisant leurs costez qui sont entr'eux en mesme proportion on fera comme la toutte F C à la toutte M G ainsi la partie F E à la partie M L & comme D C à H G ainsi D E à H L donc M G à M L comme H G à H L car F C est donnée deposition à F E comme D C à D E.

Lemme 6.

Fig. 7. Si une ligne droitte E H est couppée aux poins E F G H en trois parties harmoniquement, & ayant pris quelque point A hors de cette ligne mesme si elle estoit prolongée & que de ce point on tire des lignes A E, A F, A G, A H par les poins de la ligne A H, si l'on prolonge ces lignes au delà de la ligne E H & au delà du point A on aura les huit lignes A E, A F, A G, A H, A Q, A S, A T, A I qui estant couppées comme on voudra par quelque ligne droite : Je dis que si cette ligne couppante comme V S est paralele à quelqu'une des autres B A Q & B D paralele à I A H, les sections faites sur la ligne couppante par les 3 lignes seulement qu'elle couppera feront égales comme V T, T S, & B C, C D : mais si la ligne couppante n'est point paralele à aucune des 8 elle en couppera quatre, & elle sera divisée par ces 4 lignes en trois parties harmoniquement comme I N, & R O.

La ligne C *a b* estant menée paralele à B A extréme des 4 lignes A B, A C, A D, A H par le 3 Lem. sera divisée en 2 également au point *a*.

Et par le 4 Lemme. C *b* estant divisée en 2 également en *a* & B A luy estant paralele : si l'on mene la ligne C *c d e* couppant les lignes droites A C, A *a*, A *b*, A Q aux poins C, *c*, *d*, *e* cette ligne C *e* sera couppée par ces mesmes poins en 3 parties harmoniquement.

Derechef les 4 lignes A C, A D, A H, A *e* estant posées si la ligne droite D *f e* en couppe trois & qu'elle soit paralele à l'une des extrémes A C, elle sera couppée par ces 3 lignes A D, A H, A *e* en deux parties égales D *f*, & *f e* par le 3me Lemme.

Et par le 4me Lemme les 4 lignes A D, A *f*, A *e*, A S font disposées de telle façon que si elles font couppées par la ligne O R qui les couppe toutes 4 aux poins O, P, Q, R cette ligne O R sera couppée en ces mesmes poins harmoniquement.

De mesme façon si l'on tire la ligne H *g* paralele à A O l'une des extrémes des 4 lignes A O, A P, A Q, A R & couppant les 3 autres aux poins H, *h*, *g*, cette ligne H *g* sera couppée par ces mesmes poins en deux parties égales au point *h* par le 3me Lemme.

Et par le 4me Lem. les 4 lignes A H, A *h*, A *g*, A T font tellement disposées qu'estant couppées toutes 4 par la ligne H *p* aux poins H, *l*, *m*, *p* cette ligne H *p* sera couppée par ces mesmes poins en 3 parties harmoniquement.

Deplus si l'on tire la ligne *r n* paralele à A H l'une des extrémes des 4 lignes A H, A *l*, A *m*, A *p* elle sera couppée par les 3 autres aux poins *r*, *q*, *n* en 2 parties égales par le 3me Lemme.

Et par le 4me Lem. les 4 lignes A *n*, A *q*, A *r*, A I font disposées

A iij

de telle façon qu'estant couppées toutes 4 par la ligne V *h* aux poins
V , *u* , *t* , *h* cette ligne V *h* sera couppée par ces mesmes poins en 3
parties harmoniquement.

Et enfin par le 3ᵐᵉ Lemme si l'on tire la ligne V S paralelle a A *h*
l'une des extremes des 4 lignes A *h*, A *t*, A *u*, A V cette ligne V S
sera couppée par les 3 autres en 2 parties égales aux poins V , T , S
& ainsi du reste , ce qu'il falloit démontrer.

Lemme 7.

Fig.
8.
9.
10.
11.
Si deux lignes droites B E, B H sont couppées chacune en 3 parties
harmoniquement, à sçavoir B E aux poins B , C , D , E & B H aux
poins B , F , G , H , & que dans ces deux lignes il y ait un point de
division B qui soit commun : Je dis que les lignes droites E H , D G ,
C F qui joindront les autres poins de division des lignes B E , B H
estant pris par ordre depuis le point commun B conviendront toutes
en un mesme point A , ou seront paralelles entr'elles.

Soit la ligne D G si faire se peut qui ne convienne pas avec les autres
au point A ou bien qui ne soit pas paralelle aux autres. Par le point
D soit tiré la ligne D L A qui convienne au point A avec les autres
ou bien qui soit paralelle aux autres si elles sont paralelles entr'elles ;
cette ligne D L A couppera la ligne B H au point L , & par le Lemme
5ᵐᵉ & son Scholie, la ligne B H estant couppée aux poins B, F, L, H,
par les lignes A B , A C , A D , A E qui tendent en un mesme point
A ou qui sont paralelles entr'elles & qui passent par les poins de division de la ligne B E , sera divisée par ces mesmes poins B , L , F , H
en 3 parties harmoniquement, c'est-à-dire que L F sera à L H comme
B F à B H mais comme B F est à B H ainsi G F à G H est donnée de
position : G F sera donc à G H comme L F à L H & en divisant ou
en composant G F sera à F H comme L F à F H : G F & F L seront
donc égales ce qui est absurd : car l'une a esté posée partie de l'autre.
Il est donc évident que la ligne D G conviendra avec les autres au
point A ou bien leur sera paralelle si elles le sont entr'elles, ce qu'il
falloit prouver.

Lemme 8.

Fig
12.
Si du point A pris hors d'un cercle B G E F on mene deux lignes
A F, A G, qui touchent le cercle aux poins F & G & une autre A E qui
le couppant passe par le centre, & si l'on joint les attouchemens F , G

par la ligne F G qui rencontrera la ligne A E en C : Je dis que cette ligne A E fera divifée par les 4 poins A, B, C, E, en 3 parties harmoniquement.

Puifque A F & A G touchent le cercle elles feront égales & les angles A F C, A G C feront auffi egaux & la ligne A E fera perpendiculaire à F G. Si des extremitez du diamettre B E on luy éleve des perpendiculaires B L, E H elles toucheront auffi le cercle aux mémes extremitez B & E, & elles rencontreront la touchante A F aux poins L & H. Mais F H & E H étant touchantes feront égales, & pour la méme raifon F L & L B feront auffi égales. Maintenant dans le triangle A H E les lignes droites F C & L B font paralelles à la bafe H E : A H fera donc à A L comme H E à L B : Mais H E & H F font égalles, F L & L B le font auffi. A H fera donc à A L comme H F à F L. Mais comme A H à A L & F H à F L ainfi A E à A B & C E à C B ce qui étoit propofé.

Lemme 9.

Fig. 13.

Les mémes chofes que dans le precedent eftant pofées & demontrées : Je dis que toutes les lignes A L qui étant menées du point A couppent le cercle feront divifées par la ligne F G en I, par le cercle en L & en O, & par le point A en 3 parties harmoniquement.

Par les deux lignes F G & A L foit mené deux plans G D F H, O D L H perpendiculaires au plan du cercle G B F E, puis du point C pour centre & intervalle C G ou C F fon égale foit décrit le cercle G D F H, & ayant partagé O L en deux également au point M, du point M pour centre & intervalle M O ou M L foit décrit le cercle O D L H. Or ces deux cercles auront pour commune fection la ligne G D perpendiculaire au plan du cercle G B F E, & par confequent perpendiculaire à la ligne A O L, & cette méme ligne H D fera une corde commune à ces 2 mémes cercles, c'eft-à-dire que les 2 circonferences fe rencontreront aux poins H & D : car dans le cercle G B F E le rectangle foûs G I, F I eft egal au rectangle foûs L I, O I mais le rectangle foûs G I, F I dans le cercle G D F H eft egal au quarré de I D, & le rectangle foûs L I, O I eft auffi égal au quarré de I D dans le cercle O D L H ces 2 lignes I D dans chaque cercle feront donc egales & communes, & par confequent auffi leur double H I D. mais toutes les lignes tirées du point A à la circonference du cercle G D F H feront toutes egales entr'elles & aux lignes A F, A G & ainfi

les lignes A D & A H feront égales entr'elles & aux lignes A F
& A G. maintenant au cercle B F G E le rectangle foûs A L, A O
eft egal au quarré de A F touchante ; mais au cercle O D L H le rectangle auffi foûs A L , A O fera egal au quarré de fa touchante venant du même point A c'eft-à-dire au quarré de A D ou de A H qui
eft egal au quarré de A F à qui le rectangle fous A L , A O eft égal
mais les lignes A D & A H rencontrent le cercle O D L H aux poins
D & H , elles le toucheront donc en ces mêmes poins D & H. Et par
le Lemme precedent la ligne H D qui joint les attouchemens rencontrant la ligne A L qui paffe par le centre M la couppera en I enforte
que comme A L eft à A O ainfi I L eft à I O, ce qu'il falloit demontrer.

Lemme 10.

Fig.
14.
    Si du point A pris hors le cercle B O L E on mene deux lignes
A G. A F touchant le cercle aux deux poins G & F & ayant mené
la ligne F G prolongée : Si du même point A on tire les deux lignes
A L , A E qui couppent le cercle aux poins O , L , B , E ; Je dis que
les lignes qui lient les poins B O , E L conviendront en un même
point fur la ligne F G , ou bien feront paralelles entr'elles & à la ligne
F G

    Par le Lemme precedent les lignes A L & A E feront chacune coup-
pée aux poins A, O, I, L, & A, B, C, E, en trois parties harmoniquement , & par le 7ᵉ Lemme puifque ces deux lignes eftant ainfi divifées ont un point commun de divifion A les lignes B O , C I , E L
conviendront en un même point ou feront paralelles entr'elles & fi el-
les conviennent ce fera neceffairement fur la ligne C I l'une d'entr'el-
les, & fi elles font paralelles elles le feront auffi à la ligne C I qui
en eft une ce qu'il faloit démontrer.

Lemme 11.

Fig.
15.
    Si du point pris hors du cercle F O G L on'mene les lignes A F,
A G qui touchent le cercle aux poins F & G & ayant tiré la ligne F G
prolongée qui joint les attouchemens : fi dans cette ligne F G l'on prend
quelque point D hors du cercle , & fi de ce point D on tire deux lignes
D L , D O qui touchent le cercle aux poins L & O : Je dis que la ligne L O qui joindra ces attouchemens , paffera par le point A

    Que la ligne L O ne paffe pas par le point A fi faire fe peut, on pourra
donc mener du point A deux lignes differentes A L, A O I qui pafferont

ront par les attouchemens L & O & qui couperont le cercle aux poins H, L, & O, I, & par le Leme precedent les lignes H O & L I s'affembleront en un même point fur la ligne F G ce qui eft impoffible ; car puifque la ligne D O touche le cercle & que le point H eft fur la circonference du cercle, la ligne H O fera au dedans de l'angle O D L & étant prolongée au delà de O elle fortira de cét angle & rencontrera la ligne F G en M au deffus de D fommet de l'angle : mais la ligne L I prolongée au delà de I qui eft dans l'angle rencontrera auffi dans l'angle O D L la ligne F G au point E. Par cette fuppofition on tombera donc dans une contrarieté manifefte au 10 Lemme, c'eft pourquoy ce qui a efté propofé eft vray.

Scholie.

Si les lignes touchantes D O, D L font paralelles entr'elles & à la *Fig.* ligne F G la même chofe arrivera encore, car la ligne L O qui joindra 18. les attouchemens paffera par le centre du cercle R & fera perpendiculaire aux lignes droites D O, D L & par confequent à F G cette même droite L O paffant par le centre du cercle & étant perpendiculaire à F G la couppera en 2 également au point C & par confequent paffera par le point A fommet du triangle Ifocelle FA G.

Lemme 12.

Si une ligne droite B A C touche un cercle au point A : Je dis que fi *Fig.* l'on prend fur cette ligne B A C tant de poins que l'on voudra comme 17. B & C & que de ces poins on mene des lignes qui touchent le cercle, toutes les lignes D A, E A qui joindront les attouchemens, conviendront au même point touchant A fur la circonference du cercle.

La propofition eft évidente d'elle-même. Car puifque toutes ces touchantes ont un point commun A, celles qui joindront les attouchemens D A, E A auront auffi le même point A commun. Ce qui étoit propofé.

Scholie.

Mais fi l'on mene la ligne droite C E qui touchant le cercle au *Fig.* point E, foit paralelle à B C A, la droite E A qui joint les attouche- 18. mens paffera par le centre du cercle R, cela eft évident par la feule pofition.

B

Lemme 13.

Fig.
19.

Si du point A pris hors du cercle B E D G on mene 3 lignes droites, dont l'une A M D paſſe par le centre du cercle, l'autre A L ſoit perpendiculaire à celle-cy, & la derniere A G couppe le cercle aux 2 poins F, G, & du point G ayant tiré la ligne G E paralele à A L, on mennera la ligne E F L par les poins E & F juſques à la rencontre de la ligne A L en L & cette ligne rencontrera dans le cercle la ligne A D au point C & elle ſera diviſée par les 4 poins E, C, F, L, en 3 patties harmoniquement.

Puiſque la ligne G E a eſté menée paralelle à A L elle ſera donc auſſi perpendiculaire à B D diametre du cercle, & par conſequent elle ſera coupée en 2 egallement au point N par la même ligne B D: Mais puiſque A L eſt paralelle à G E & que G E eſt couppée en 2 egallement au point N par le corr. du 4 Lemme, la ligne E L ſera coupée aux 4 poins E C F L, par les 4 lignes A E, A N, A G, A L harmoniquement, ce qu'il falloit prouver.

Corrolaire.

Je dis de plus 'que la ligne O C I H qui paſſe par le point C & qui eſt paralelle à A L joindra les attouchemens des touchantes menées du point A, car à cauſe des paralelles, E G, O H, A L par le Scholie du 5 Lemme la ligne A G ſera coupée aux poins A, F, I, G en 3 parties harmoniquement, & par le converſe du 9 Lemme la ligne O H joindra les attouchemens des lignes tirées du point A & par conſequent auſſi la ligne A D ſera couppée de même aux poins A, B, C, D.

Lemme 14.

Fig.
20.

Si du point A pris hors du cercle B E D G on mene deux lignes droites dont l'une A M D paſſe par le centre du cercle & l'autre A L ſoit perpendiculaire à A D. Ayant diviſé A D au point C en ſorte que A'D ſoit à A B comme C D à C B : Je dis que ſi de quelque point I. de la ligne A L on tire la ligne L E qui paſſe par le point C, cette ligne L E ſera diviſée aux poins L F C E en 3 parties harmoniquement.

Par le point A & par le point F ayant tiré la ligne A F G & du point G la ligne G E paralelle à A L, ſi la ligne G E convient avec la ligne L E au point E la propoſition eſt évidente par le precedent Lemme: mais s'il eſt poſſible que la ligne par le point G paralelle à A L ne con-

vienne pas en un mefme point E avec L C fur la circonference du cercle & foit s'il fe peut faire la ligne G P paralelle à A L du point P foit
mené la ligne P F qui couppera par le Lemme 13 la ligne A D au point
C ainfi qu'il a efté pris, les 2 lignes paffant donc chacune par les poins
F, C, E ; F, C, P, auront la partie F C commune & l'autre non, ce
qui eft abfurd ; donc ce qui a efté propofé eft vray.

Lemme 15.

Si l'on prend tant de poins que l'on voudra M, A, N fur une ligne Fig.
M N menée en forte qu'eftant prolongée elle ne puiffe pas rencontrer 21.
le cercle B E D, & fi de ces poins M, A, N, on tire des lignes M I,
M O : A E, A F : N G, N H qui touchent le cercle aux poins I, O :
E, F : G, H. Je dis que les lignes I O, E F, G H joignant les attou-
chemens conviendront toutes en un mefme point C dans le cercle.

Par le centre du cercle R foit tiré la ligne *d* R C *b a* perpendiculaire
à M N, puis foit fait comme *a d* à *ab* ainfi C *d* à C *b*, & par les poins
M, A, N & par le point C foit tiré les lignes M C L, A C D, N C I,
par le Lemme precedent la ligne droite A D fera couppée aux poins
A, B, C, D en trois parties harmoniquement. Je dis auffi que la ligne
E F qui joint les attouchemens des lignes menées du point A paffera
par le point C : car s'il eft autrement elle couppera au point S different
du point C, la ligne A D : mais puifque E S F joint les attouchemens
E, F, par le 9 Lemme la ligne A D fera couppée aux poins A B, S D
en 3 parties harmoniquement, c'eft à dire que A B fera à A D comme
S B à S D, mais il a efté démontré cy-devant qu'elle eftoit couppée
auffi en la mefme proportion aux poins A, B, C, D. C'eft pourquoy
A B fera à A D comme C B à C D ; C B fera donc à C D comme S B
à S D & en compofant B D fera à C D comme B D à S D ; C D &
S D feront donc égales ce qui eft abfurd : car l'une a efté prife partie
de l'autre, c'eft pourquoy la ligne E F paffera par le point C. on démontrera de la mefme façon que les lignes I O & G H y pafferont
auffi, ce qu'il falloit démontrer.

Corrolaire.

Il fera auffi manifefte que fi dans un cercle B E D F on prend un
point C & que de ce point on mene autant de lignes que l'on voudra
E C F, I C O, G C H qui fe terminent d'un cofté & d'autre à la circonference du cercle, & que des poins E, F : I, O : G, H où fe ter-

minent chacune de ces lignes l'on mene des touchantes au cercle elles
conviendront deux à deux aux poins A , M , N fur une mefme ligne
droite , ce qui eft le converfe de ce Lemme pourveu que le point C ne
foit pas le centre du cercle.

Scholie.

Fig.
22. Mais fi l'on mene les lignes A E , A F qui touchant le cercle aux
poins E & F foient paralelles à la ligne M N : la ligne E F qui joindra
les attouchemens paffera auffi par le point C & par le centre du cercle
R. Puifque les touchantes font paralelles il eft évident que E F qui
joint les attouchemens paffera par le centre du cercle R , mais la mefme ligne E F fera perpendiculaire aux touchantes , & par confequent
à la ligne M N qui leur eft paralelle , c'eft pourquoy la ligne E F fera
jointe à la ligne *d a* : car elles paffent toutes deux par le centre du
cercle & font perpendiculaires à la ligne M N , mais le point C a efté
pris fur la ligne *d a* il fe trouvera donc auffi fur la ligne E F , ce qu'il
falloit prouver & le converfe eft auffi évident.

Lemme 16.

Fig.
23. Une ligne L M couppant un cercle B C E D fi l'on prend tant de
poins que l'on voudra L, M, N fur cette ligne L M & hors du cercle,
& que de ces poins pris on mene des lignes L H , L I : M F , M G ,
N O , N P qui touchent le cercle aux poins I , H : F , G ; O P ; Je
dis que les lignes I H , G F , O P qui joignent les attouchemens conviendront toutes en un mefme point A hors du cercle.

Si des poins C & D où la ligne L M couppe le cercle , on mene des
touchantes au cercle C A , D A qui s'entrecouppent au point A par le
11 Lemme les lignes I H , G F , O P conviendront toutes au mefme
point A , ce qu'il falloit montrer.

Scholie.

Fig.
24. Mais fi la ligne L M paffe par le centre du cercle , les lignes I H , G F ,
O P qui joindront les attouchemens feront toutes paralelles entr'elles.
Ce qui n'a pas befoin de démonftration.

Corrolaire.

Il s'enfuit de ce qui a efté démontré dans les 12, 15, & 16 Lemmes
que fi l'on prend 2 poins hors d'un cercle & que la ligne qui joint ces

poins touche le cercle : les lignes qui joindront les attouchemens au cercle des lignes menées de ces poins se rencontreront en un point sur la circonference du cercle. Ou bien au contraire.

Mais si la ligne qui joint les poins ne rencontre pas le cercle : les lignes qui joindront les attouchemens se rencontreront en un mesme point dans le cercle. Ou au contraire.

Enfin si la ligne qui joint les poins couppe le cercle & ne passe pas par le centre : les lignes qui joindront les attouchemens se rencontre-ront en un mesme point hors du cercle. Ou au contraire.

Lemme 17.

Si du point **A** pris hors du cercle **B C D E** on mene les lignes **A B**, *Fig.* **A C** qui touchent le cercle aux poins **B** & **C** & ayant tiré la ligne **B C** 25. prolongée hors le cercle : Si de quelque point **G** pris dans cette ligne 26. **B C** hors le cercle on mene deux touchantes **G D**, **G E** au cercle : Je 27. dis que ces 4 touchantes seront couppées l'une par l'autre & par celles qui joignent les attouchemens en 3 parties harmoniquement pourveu qu'elles ne soient pas paralelles entr'elles ; car celles qui seront paral-elles entr'elles seront couppées par les autres en 2 parties égales.

Si la ligne droite **G D** rencontre les 3 lignes **A B**, **A E**, **A C** aux poins **I**, **D**, **H**, cette ligne droite **G I** sera divisée par les poins **G**, **H**, **D**, **I**, en 3 parties harmoniquement : car par le 9 Lemme la ligne **G B** sera divisée aux poins **G C M B** en cette mesme raison, & puisque les lignes **A G**, **A C**, **A M**, **A B** viennent du point **A** & passent par les poins de division **G**, **C**, **M**, **B** de la ligne **G B** & puis qu'elles couppent la ligne **G I** aux poins **G**, **H**, **D**, **I** par le 5 Lemme la ligne **G I** sera coup-pée en ces mesmes poins, ainsi qu'il a esté dit.

Mais la ligne droite **G E** dans la 25 figure estant paralelle à **A B** sera couppée en deux egalement au point **F** par le Lemme 3. Et dans la 26 figure cette ligne rencontrant les 4 lignes **A G**, **A C**, **A M**, **A B** cy-devant dites aux poins **G**, **F**, **E**, **L**, sera divisée par ces poins en 3 par-ties harmoniquement par le Lemme 5 & dans la 27 figure cette méme ligne **G E** rencontrant les 3 lignes **A G**, **A C**, **A M** aux poins **G**, **E**, **F** & la 4ᵐᵉ **B A** prolongée au delà du point **A**, au point **L** cette ligne **L E** sera divisée aussi aux poins **L G**, **F**, **E** en 3 parties harmonique-ment par le 6 Lemme.

Maintenant la ligne **A E** étant divisée aux poins **A D**, **M E**, en 3 par-ties harmoniquement, on demontrera ainsi qu'il a esté fait cy-devant

que la ligne A F fera couppée aux poins A H C F en 3 parties harmoniquement, & que la ligne A B dans la 25 figure étant paralelle à G E
fera couppée en 2 egalement au point I & dans la 26 figure qu'elle
fera couppée en 3 parties aux poins A I, B, L harmoniquement, par
le Lemme 5. & dans la 27 figure qu'elle fera aussi couppée de méme
aux poins L, A, I, B, par le Lemme 6. ce qu'il falloit démontrer.

Corrolaire.

Il s'enfuit que la ligne A N menée du point A & qui couppe le cercle fera divifée aux poins A, R, P, N où elle eft couppée par les lignes
G A, G D, G M, G E, en trois parties harmoniquement, de méme
que la ligne A O aux poins A, Q, P, O, par le 9 Lemme.

Lemme 18.

Fig.
28.   Si il y a plufieurs lignes B C, B D, C D, D F fur un méme plan,
& ayant pris un point A hors de ce plan, fi l'on mene des plans qui
paffent par ce point A, & par les lignes B C, B D, C D, D F les fections de ces plans feront des lignes tirées du point A aux poins B, C,
D fections des lignes par où ils paffent.

Comme la fection des plans A B D, A B C fera la ligne A B menée
par le point A & par le point B commune fection des lignes B C, B D
par où ces plans paffent, & ainfi des autres, ce qui eft evident puifque les 2 plans A B C, A B D doivent avoir les 2 poins A & B communs & que leur fection doit eftre une ligne droite : Mais fi les lignes
font paralelles comme B C, D F il faudra necessairement que la commune fection A f des plans A B C, A D F leur foit paralelle.

Lemme 19.

Fig.
29.   Mais fi ces plans A B C, A D F, A D C, A D B font couppées par
un autre plan b c d f E la commune fection de ces plans avec le plan
couppant feront des lignes droites qui s'affembleront en un point où la
ligne qui eft commune fection des plans couppe le plan couppant.
Comme les lignes d b, c b qui font communes fections des deux plans
A D B, A C B avec le plan couppant, fe rencontrent au point b qui
eft la fection de la ligne A B & du plan couppant, & cette ligne
A B eft la fection des deux plans A D B, A C B. De méme les
lignes b c, d f qui font les fections des deux plans A B C, A D F s'affembleront au point E qui eft la fection de la ligne A E & du plan

couppant, & cette ligne A E eſt la ſection des deux plans A B C,
A D F & ainſi des autres. Ce qui eſt évident de ſoy-méme,

Avertiſſement.

Je dis que la ligne *b c* ſur le plan couppant donne en forme la ligne
B C ſur un autre plan lors que le plan qui paſſe par le point A & par la
ligne *b c* couppe cét autre plan en la ligne B C. Ou au contraire.

Je dis auſſi que le point *b* donne ou forme le point B ſur un autre
plan, lorſque la ligne qui paſſe par le point A & par le point *b* couppe
cét autre plan au point B.

Lemme 20.

S'il y a pluſieurs plans A B C D, A B E F, A B G H qui ayent une *Fig.*
méme commune ſection A B ou qui paſſent par une méme ligne droite ³⁰.
A B, & qu'il y ait un autre plan C D G H qui couppe ces plans & qui
ſoit paralelle à quelqu'autre plan que l'on pourroit mener par la méme ligne A B : les ſections C D, E F, G H du plan couppant & de ces
autres plans A D, A F, A H ſeront paralelles entr'elles & à ligne A B,
ce qui eſt évident puiſque chacun de ces plans A D, A F, A H couppe le plan C H & le plan qui paſſe par A B imaginé paralelle au plan
C H, & par conſequent le plan A D couppant deux plans paralelles
en A B, & C D ces 2 lignes A B & C D ſeront paralelles & ainſi
des autres. Et le converſe de ce Lemme eſt auſſi évident.

✤ ✤ ✤ ✤ ✤ ✤ : ✤ ✤ ✤ ✤ ✤ ✤ ✤ ✤ ✤ ✤ ✤ ✤ : ✤ ✤

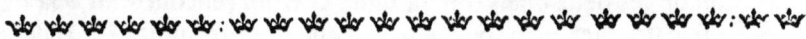

Sections des ſuperficies Coniques qui ont pour baſes des cercles.

Tout ce qui a eſté demontré dans les Lemmes precedens, n'eſt rien
autre choſe que les divers accidens de la ligne couppée en 3 parties,
harmoniquement, tant à l'égard des lignes qui paſſant par les poins
de ſa diviſion ſont paralelles entr'elles, ou aboutiſent en un point,
qu'à l'égard du cercle : & tout ce qui ſuit eſt une ſimple application
de ces Lemmes, & principalement du 3 du 5 & du 6 dans toutes les
ſections Coniques & Cylindriques.

Definitions.

I

Si l'on prend un point hors d'un plan ſur lequel il y a un cercle, & ſi

par ce point on mene une ligne droite prolongée à l'infiny d'un côté
& d'autre du point, qui parcourre toutte la circonference du cercle :
cette ligne décrira par ſon mouvement deux ſuperficies qui ſe termi-
neront au point pris d'abbord qui leur ſera commun, & ces ſuperficies
ſe nommeront ſuperficies Coniques oppoſées entr'elles.

2

Le point pris d'abbord ſera leur ſommet.

3

Et le cercle en ſera la baſe.

Avertiſſement.

Il me ſemble qu'il n'eſt pas neceſſaire de donner de longues demon-
ſtrations de ce qui ſuit, puiſque ce ſont des choſes aſſez évidentens
d'elles-mêmes.

Fig.
31.　　Si un plan touchant une ſuperficie Conique la remontre au ſommet
il ne la touchera qu'en une ligne droite. Car puiſque le plan B E D
paſſant par le point A ſommet de la ſuperficie, ne peut toucher la circonference du cercle qui en eſt la baſe ſeulement qu'en un point B ; Il
ne pourra par conſequent avoir rien de commun avec la ſuperficie Conique que la ligne A B menée du ſommet A au point B laquelle ligne
eſt ſur la ſuperficie Conique par ſa conſtruction.

Mais ſi cette ſuperficie eſt couppée par un autre plan E G F qui couppe auſſi le plan D B E qui touche la ſuperficie, & que la commune
ſection de ces deux plans ſoit la ligne G E qui rencontre en E la ligne
A B où le premier plan touche la ſuperficie : cette ligne G E touchera
la ſection E F faite ſur le plan couppant ſeulement au point E. Ce
qui évident puiſque la ligne G E eſt toute ſur le plan D B E & qu'elle
ne rencontre la ligne A B qu'au point E.

Je ne parle point de la ſection de la ſuperficie Conique qui eſt faite
par un plan qui paſſe par le ſommet, puiſqu'on voit aſſez clairement
que ce ſera ſeulement deux lignes qui comprendront un angle.

Je ne parle point non plus de la ſection faite par un plan paralelle
au plan de la baſe puiſqu'il eſt évident que ce ſçauroit jamais eſtre
qu'une figure ſemblable & ſemblablement poſée à celle de la baſe :
car ce plan paralelle couppera tous les triangles qui auront pour ſommet le ſommet de la ſuperficie, & pour baſe les lignes menées dans le
cercle, en des lignes paralelles à celles qui ſont ſur le cercle ; & toutes
les lignes ſur la ſection ſeront entr'elles comme celles qui les ont données

nées ſont entr'elles ſur la baſe, car eſtant priſes ſeparément celle de la
Section ſera à celle de la baſe qui la forme & qui luy eſt paralelle comme une ligne menée du ſommet au plan couppant à cette meſme ligne
prolongée juſques à la baſe.

Je conſidere donc ſeulement les Sections des ſuperficies Coniques
en trois manieres differentes.

La premiere, lorſque le plan qui eſt mené par le ſommet de la ſuperficie Conique & paralelle au plan couppant couppe le plan de la baſe
en une ligne qui touche le cercle, la Section qui eſt faite ſur le plan
couppant avec la ſuperficie Conique a eſté nommée d'abbord par les
anciens Section d'un cone rectangle, & par ceux qui les ont ſuivis parabole.

La ſeconde, lorſque le plan qui eſt mené par le ſommet de la ſuperficie conique & paralelle au plan couppant couppe le plan de la baſe
en une ligne qui ne rencontre point le cercle, la Section faite ſur le
plan couppant a eſté appellée par le. anciens Sections d'un cone qui
a l'angle aigu, & par les autres Elipſe, & cette Section peut eſtre
auſſi un cercle.

La troiſiéme, lorſque ce meſme plan paralelle au plan couppant
mené par le ſommet couppe le plan de la baſe en une ligne qui couppe
le cercle qui en eſt la baſe; cette Section a eſté nommée Section d'un
cone qui a l'angle obtus & apres hyperbole.

Mais ſi le plan couppant eſt prolongé vers la ſuperficie Conique oppoſée au ſommet; Il la rencontrera auſſi & y fera une autre Section
qui ſera auſſi une hyperbolle que l'on nomme oppoſée à la precedente.

Il faut remarquer que les Sections ſont formées par tous les poins
qui ſont Sections des lignes menées par le ſommet & par les poins
de la circonference du cercle qui en eſt la baſe, avec le plan couppant.
Mais lorſque la ligne ainſi menée ne rencontre point le plan couppant,
ce point de la circonference du cercle ne donnera aucun point dans la
Section, ce qui arrivera ſeulement à la parabole en un point & à l'hyperbole & aux Sections oppoſées en deux poins comme on peut voir
par la generation de ces Sections.

Dans l'Elipſe tous les poins de la circonference du cercle donnent
des poins dans la Section.

Dans la parabole tous les poins de la circonference du cercle donnent des poins dans la Section hormis le point ou le plan par le ſommet
paralelle au plan couppant rencontre le cercle.

C

Dans les *Sections* oppofées tous les poins d'une partie du cercle
faite par le plan par le fommet donnent les poins d'une *Section*, & les
poins de l'autre partie de la circonference du cercle donnent les poins
de l'autre *Section*, hormis les deux poins où le plan par le fommet paralelle au plan couppant rencontre le cercle.

Propofition 1ʳᵉ. *Premiere Partie de la* 1ʳᵉ. *Section.*

Fig.
32.
Si une fuperficie Conique A *n h l m* eft couppée par un plan D H E
qui foit paralelle au plan A B C qui paffe par A fommet de la fuperficie
& par la ligne B C fur le plan du cercle qui en eft la bafe & qui le
touche au point *m*.

Ayant pris quelque point C different du point *m*, fur la ligne B C,
& de ce point C ayant tiré les lignes C *h*, C *m* qui touchent le cercle
aux poins *h* & *m*, & en ayant tiré autant d'autres que l'on voudra comme C *l n* qui le couppent aux poins *l* & *n*, & ayant mené la ligne *m h*
qui conjoint les attouchemens *m* & *h* des lignes menées du point C.
Cette ligne *h m* qui joindra ces attouchemens rencontrera toûjours la
ligne B C au point *m* puifque cette ligne B C fera toûjours une des deux
touchantes.

Que l'on conçoive les plans A C *h*, A C *n*, A *m h* qui paffent par A
fommet de la fuperficie, & par les lignes C *h*, C *n*, *m h*. Et que l'on
tire des lignes du point A aux poins *m, p, h,* C, *l, n*.

Puifque le plan couppant D H E eft paralelle au plan A B C qui
paffe par le fommet, les *Sections* H *c*, L N du plan couppant & des
plans A C *h*, A *l n* feront paralelles entr'elles, & à la ligne A C menée
du fommet A au point C par le 20 Lemme.

De plus la ligne P H qui eft formée fur le plan couppant par la ligne
m p h la couppera en deux également au point P : car la ligne C *n* eft
couppée en trois parties aux poins C, *l, p, n* par le 9ᵉ Lem. harmoniquement, & les lignes A C, A *l*, A *p*, A *n* ayant efté tirées du point A
aux poins de divifion de la ligne C *n* & eftant couppées par la ligne
L N paralelle à l'une des extrémes A C, cette ligne L N fera couppée
en deux également au point P par la ligne A P par le 3ᵉ Lem.

On démontrera de mefme façon que toutes les lignes paralelles entr'elles menées dans la *Section* feront toutes divifées en 2 également
par une mefme ligne droite : car toutes ces lignes paralelles feront
données fur le plan couppant par des lignes fur le plan de la bafe du
cone qui viendront toutes d'un mefme point de la ligne B C, ou bien

qui feront paralelles entr'elles, qui eft le fecond cas de cette partie.

Car fi l'on mene la touchante C *h* paralelle à C *m*, la ligne *m h* qui joindra les attouchemens viendra toûjours du mefme point *m* & les lignes C *n* menées paralelles à ces touchantes feront toutes couppées en deux également par la ligne *m h* qui paffe par le centre du cercle, ainfi qu'il eft dit au Scholie du 12ᵉ Lemme, & puifque toutes ces lignes feront paralelles entr'elles & à la ligne B C qui eft fur le plan A B C. Les Sections fur le plan couppant des plans qui pafferont par le fommet A & par les lignes C *n* feront des lignes paralelles entr'elles & à la ligne A C fur le plan A B C menée paralelle à B C. Elles feront auffi couppées en deux également par la ligne P H donnée fur le plan couppant par la ligne *m h*, puifque cette ligne *m h* qui paffe par le centre du cercle divife en 2 également toutes les paralelles aux touchantes à fes extremitez eftant diametre du cercle, & puifque les lignes paralelles fur le plan couppant ont efté montrées paralelles à celles qui font fur le cercle de la bafe.

Les lignes qui divifent en deux également toutes les paralelles menées dans la Section font appellées *diametres de la Section*, & les paralelles qui font couppées en deux également font appellées *ordonnées au diametre*.

Il fera évident de ce qui a efté dit cy-deffus que la ligne H *c* qui touche la Section & qui eft paralelle à N L, eftant formée par la ligne *h* C la touchera à l'extremité H du diametre H P des paralelles à N L.

Dans cette Section tous les diametres font paralelles entr'eux. Car par le 12ᵉ Lemme toutes les lignes qui joignent les attouchemens comme *h m* des lignes C *h*, C *m* menées d'un mefme point C de la ligne B C, ou bien lorfque C *h* eft paralelle à C *m* fe rencontreront toutes au point *m*; & ayant mené des plans qui paffent par la ligne A *m* & par toutes les lignes menées du point *m* fur la bafe du cone comme *m h*, les Sections de ces plans fur le plan couppant feront toutes lignes paralelles entr'elles par le 20ᵉ Lemme; mais toutes ces lignes ont efté démontrées cy-devant diametres de cette Section, donc ce qui eftoit propofé eft évident.

Premiere Partie de la 2ᵐᵉ Section.

Si une fuperficie Conique A *f n l h* eft couppée par un plan G M E D paralelle au plan A B C mené par A fommet de la fuperficie & par la ligne B C fur la bafe, qui eftant prolongée ne rencontre point le cercle *f n h* bafe de la fuperficie.

Fig. 33.

C ij

Ayant pris quelque point B ſur la ligne B C ſi de ce point l'on mene les lignes B ƒ, B *l* qui touchent le cercle baſe de la ſuperficie aux poins ƒ & *l*, & autant d'autres que l'on voudra B *pg*, B *m i* qui le couppent aux poins *p*, *g*, *m*, *i*. Et ayant tiré la ligne ƒ *l* qui conjoint les attouche-mens elle ſera paralelle à la ligne B C, où elle la rencontrera en quel-que point C ; premierement qu'elle la rencontre au point C.

Que du point C on mene les lignes C *n*, C *h* qui touchent le cercle aux poins *n* & *h* & autant d'autres que l'on voudra C *mp*, C *i g* qui le couppent aux poins *m*, *p*, *i*, *g* & aprés avoir tiré la ligne *h n* qui conjoint les attouchemens *h* & *n* des lignes menées du point C, qui paſſera par le point B par le 11 Lemme. Et ſoit le point *o* commune Section des deux lignes *lf*, *h n* qui joignent les attouchemens.

Que l'on conçoive des plans A Bƒ, A B *l*, A B *g*, A B *h*, A B *i*, A C *n*, A C *h*, A C *p*, A C ƒ, A C *g* qui paſſent tous par le point A ſommet de la ſuperficie & par les lignes cy-devant menées ſur la baſe, & ſur ces plans que l'on mene les lignes A B, A ƒ, A *p*, A *r*, A *g*, A *n*, A *q*, A *o*, A *s*, A *h*, A *m*, A *t*, A *i*, A *l*, A C par A ſommet de la ſuperficie, & par les interſections des meſmes lignes ſur la baſe.

Puiſque le plan couppant G M E D eſt paralelle au plan A B C par le ſommet ; les Sections des plans A Bƒ, A B *g*, A B *h*, A B *i*, A B *l* avec ces deux plans paralelles ſeront ſur le plan couppant les lignes Fƒ, P G, H N, I M, L *b* paralelles entr'elles & à la ligne A B ſur le plan par le ſommet paralelle au plan couppant par le 20 Lem.

Par la meſme raiſon les lignes N *c*, P M, F L, G I, H *c* ſeront auſſi paralelles entr'elles & à la ligne A C.

Mais par le 9 Lem. la ligne B *g* eſt couppée en 3 parties aux poins B, *p*, *r*, *g* harmoniquement, & puiſque la ligne G P ſur le plan coup-pant eſt couppée aux poins P, R, G par les lignes menées du ſommet A aux poins de diviſion de la ligne B *g* a eſté démontrée paralelle à l'une des extremes A B. Par le 3 Lemme elle ſera couppée en 2 parties égales au point R.

On démontrera de meſme façon que les lignes N H & M I ſeront couppées en deux parties égales aux poins O & T puiſque les lignes B *h*, & B *i* qui les forment ſont couppées chacune en 3 parties aux poins B, *n*, *o*, *h*, & B, *m*, *t*, *i* harmoniquement : mais tous ces poins de diviſion R, O, T ſont ſur une meſme ligne droite F L qui eſt donnée par la ligne ƒ *l* ſur la baſe : donc la ligne F L couppera en 2 également dans la Section toutes les lignes paralelles à P G.

Pour cette raifon la ligne F L fera appellée *diametre de la Section*
& toutes les lignes paralelles entr'elles qui font couppées en 2 également
ment par ce diametre font appellées , *ordonnées à ce mefme diametre.*

Il fera encore évident que les lignes F *b*, & L *b* touchent la Section
F H L N aux extremitez du diametre F L ; car puifque ces lignes font
les Sections des plans A B *f*, A B *l* qui touchent la fuperficie Conique
aux lignes A *f*, A *l* ; Ces lignes F *b*, & L *b* eftant fur ces mefmes plans
toucheront la fuperficie Conique & la Section auffi feulement aux
poins F & L.

On démontrera de mefme façon que les lignes P M, F L, G I &
toutes les autres qui leur feront paralelles feront divifées dans la Section en 2 parties égales par la ligne H N qui en fera le diametre : &
que les lignes N *c*, H *c* toucheront la Section aux extrémitez de ce
diametre.

Mais lorfque dans la Section toutes les lignes paralelles au diametre
N H comme P G, M I font couppées en 2 également par leur diametre
F L. Et lorfque toutes les paralelles à ce diametre F L comme P M ,
G H font couppées en 2 également par leur diametre N H. Ces dia-
metres N H, & F L font appellées *conjuguez l'un à l'autre* comme
il eft évident en cét exemple.

Par ce qui a efté démontré dans le 15 Lem. le point *o* fera la commune rencontre de toutes les lignes qui joindront les attouchemens des
lignes menées de tous les poins de la ligne B C : & puifqu'il a efté démontré cy-devant que ces lignes comme *f l*, & *n b* donnent les diametres fur la Section auffi tous les diametres s'entrecoupperont au point
O dans la Section qui eft formé par le point *o* fur la bafe. Et ce point
O dans la Section fera appellé *centre de la Section.*

Mais fi le point B eft pris en tel endroit de la ligne B C que la ligne
f l qui joint les attouchemens des lignes menées de ce point B, foit
paralelle à la ligne B C. Si l'on mene des touchantes au cercle comme
n C, *b* C qui foient paralelles à *f l* qui joint les attouchemens de deux
lignes menées du point B ; la ligne *b n* qui joindra les attouchemens
des paralelles paffera auffi par le point *o* & par le point B par le Schol.
du 15. Lemme & par le centre du cercle ; & puifque cette ligne *n b*
qui paffe par le centre du cercle conjoint les attouchemens de deux
paralelles elle divifera auffi en 2 également dans le cercle toutes les
paralelles à ces touchantes , mais toutes ces paralelles le feront auffi
à la ligne B C , & par confequent tous les plans menés par le fommet

A & par toute, ces lignes paralelles à la ligne B C feront avec le p'an couppant des Sections toutes paralelles entr'elles & aux paralelles qui sont sur le cercle , & puisque la ligne *n h* divise toutes ces paralelles en 2 également aussi la ligne N H qu'elle donnera dans la Section divisera aussi de mesme en deux également les lignes qui leur sont paralelles dans la Section : car ce seront des triangles comme A *p m* dont la commune Section avec le plan couppant sera la ligne P M paralelle à *p m* , & la ligne A *q* divisant en deux également la ligne *p m* au point *q* divisera aussi en deux également dans la Section la ligne P M au point Q , ce qu'il falloit montrer.

Et lorsque les diametres conjuguez sont égaux & qu'ils s'entrecouppent à angles drois la Section est un cercle , qui a esté appellé *soucontraire.*

Premiere Partie de la 3me *Section.*

Fig. 34. Si les superficies Coniques A *f l m*, F G P opposées au sommet A sont couppées par un plan G P F L M I qui soit paralelle au plan A B C qui passe par A sommet des superficies & par la ligne B C qui couppe le cercle qui en est la base.

Ayant pris quelque point B sur la ligne B C hors du cercle , si de ce point B l'on mene les lignes B *f*, B *l* qui touchent le cercle qui est la base de la superficie Conique aux poins *f* & *l* , & autant d'autres que l'on voudra B *p g*, B *m i* qui le couppent aux poins *p, g, m, i,* & ayant tiré la ligne *f l* qui conjoint les attouchemens. Si l'on mene les lignes *n o, h o* qui touchent le cercle aux poins *n* & *h* où la ligne B C le couppe ; ces deux lignes touchantes *n o, h o* conviendront en un mesme point *o* sur la ligne *l f* par le conver. du 11e Lemme, où luy seront paralelles : mais pour lors la ligne B C doit passer par le centre du cercle par le Schol. du mesme Lem. mais premierement qu'elles se rencontrent au point *o* que du point *o* l'on mene autant de lignes que l'on voudra comme *o m, o i* qui couppent le cercle aux poins *p, m, g, i* ; & que l'on fasse passer des plans par le sommet A & par les lignes B *q o*, B *f*, B *g*, B *h*, B *i*, B *l*, *o n*, *o m*, *o l*, *o i*, *o h* & que l'on tire les lignes A B, A *f*, A *p*, A *r*, A *g*, A *n*, A *c*, A *h*, A *m*, A *t*, A *i*, A *l*, A *o* prolongées au delà du sommet A.

Puisque le plan couppant G F L I est paralelle au plan A B C par le sommet, les Sections des plans A B *f*, A B *g*, A B *o*, A B *i*, A B *l* avec ces deux plans paralelles seront les lignes F *b*, P G , O Q M I, L *b* sur le plan couppant toutes paralelles entr'elles & à la ligne A B sur le plan par le sommet & qui est la rencontre commune de tous ces plans par le 10ᵉ Lem.

Par le 9 Lem. la ligne B *g* est couppée aux poins B, *p*, *r*, *g* en 3 parties harmoniquement, & puisque la ligne G P sur le plan couppant, estant couppée aux poins P R G par les lignes menées du sommet A aux poins de division de la ligne B *g* prolongées audelà de A, a esté demontrée paralelle à l'une d'entr'elles A B, par le 6ᵉ Lemme elle sera couppée en deux parties égales par les poins P, R, G.

On demonstrera de mesme façon que la ligne M I sera aussi couppée en deux parties égales au point T ; puisque la ligne B *i* qui la forme est couppée en 3 parties harmoniquement aux poins B, *m*, *t*, *i* : & puisque la ligne M I qui est couppée par les lignes menées du sommet A aux poins de division de cette ligne B *i* a esté demonstrée paralelle à l'une d'entr'elles A B. On demonstrera la mesme chose de toutes les autres lignes qui leurs seront paralelles.

Mais tous ces poins de division comme R T & les autres seront necessairement sur une même ligne droite R T qui est formée par la ligne *r t* sur la base, & sur laquelle ligne se font toutes les divisions qui couppent dans les Sections les paralelles en deux également. Il s'ensuivra donc que la ligne R T couppera en deux également dans ces Sections opppofées, toutes les lignes paralelles à P G.

Pour cette raison cette ligne R T sera appellée diametre de ces Sections oppofées, & toutes les lignes paralelles entr'elles qui sont couppées dans ces Sections, en deux également par ce diametre sont appellées *ordonnées à ce mesme diametre.*

Il sera encore évident que les lignes F *b* & L *b* touchent ces Sections oppofées G F P, M L I aux extremitez du diametre F L. Car puisque ces lignes sont les Sections des plans A B *f*, A B *l* qui touchent les superficies Coniques oppofées au sommet. Ces lignes F *b*, L *b* étant sur les mesmes plans toucheront les superficies & les Sections seulement aux poins F & L, qui seront donnez par les poins *f* & *l* de la ligne *r t*.

Il sera aussi manifeste que sur le plan couppant le point O sera la commune rencontre de tous les diametres. Car par le 16 Lemme, si l'on mene des touchantes au cercle de tous les poins de la ligne B C pris hors du cercle, toutes les lignes qui en joindront les attouchemens comme *f l* s'affembleront toutes au point *o* ; Mais il a esté demontré cy-devant que toutes ces lignes qui joignent les attouchemens des lignes menées des poins de la ligne B C font diametres de ces Sections oppofées : & puifqu'elles conviennent toutes au point *o* auffi les plans qui paffcront par toutes ces lignes , & par le fommet A conviendront tous en la ligne *o* A qui donnera fur le plan couppant le point O qui eft appellé *centre des Sections oppofées.*

Je dis de plus que ce centre couppe en deux également châque diametre. Car par le 9 Lemme la ligne *o l* eft couppée en 3 parties harmoniquement aux poins *o* , *f* , *c* , *l,* & ayant tiré des lignes par ces poins de divifion, & par le fommet A prolongées au delà de A, puifque la ligne F L diametre eft paralelle à A C eftant toutes deux les Sections d'un mefme plan A *o l* & des deux plans paralelles , à fçavoir le couppant, & celuy qui eft par le fommet ; la ligne F L fera donc couppée en deux également au point O par le 6 Lemme. Et ainfi des autres diametres.

Par la mefme raifon O T & O R feront égales. Car *o m* eft couppée en trois parties aux poins *o* , *p* , *y*, *m*, par le 9 Lemme harmoniquement, & à caufe des lignes B *o* , B *p* , B *y*, B *m* qui couppent la ligne *o t* aux poins *o*, *r* C, *t* cette ligne fera auffi couppée en ces poins *o*, *r*, C, *t*, en 3 parties harmoniquement par le 5e Lem. & fuivant la demonftration qui vient d'eftre faite : la ligne R T fur le plan couppant, fera divifée en deux également au point O. Il s'enfuivra donc auffi que L T & F R feront égales.

Je dis auffi que G P & M I font égales. Car les 2 plans A *o m*, A *o i* ont donné fur le plan couppant les deux lignes M O P , I O G , & ces deux lignes auec les deux paralelles G P & M I font deux triangles O G P , O I M femblables & egaux, puifque la ligne R O T qui couppe les deux bafes en deux également aux poins R & T & qui paffe par le fommet commun O eft divifée en deux également au point O : les deux lignes G P & M I feront donc égales.

Il s'enfuit delà que les Sections oppofées font égales & femblables. Ce qui eft manifefte puifque les diametres leurs font communs , & que les ordonnées égales & paralelles entr'elles couppent des parties égales du mefme diametre, comprifes entre les extremitez du mefme diametre & les ordonnées égales.

Toutes les lignes côme *i* C *p q*, qui pafferont par le point C fur la bafe, qui eft la rencontre des 2 lignes *o l*, B C qui joignent les attouchemens des lignes menées du point B & du point *o* lequel point B a efté pris à volonté fur la ligne BC donneront des lignes fur le plan coupant toutes.

            paralelles

paralelles entr'elles & à la ligne menée du fômet A au point C. Car le plan A *q i* couppe le plan par le fommet en la ligne A C & le plan couppant qui luy eft paralelle en la ligne P I : ces deux lignes donc A C & P I feront paralelles , & tous les plans qui pafferont par le fommet A & par les lignes qui fur la bafe paffent par le point C , donneront tous fur le plan couppant des lignes paralelles à la ligne A C leur commune rencontre par le 20 Lemme.

Mais toutes ces lignes comme *q p i* par le 15 & 14 Lemme font couppées en 3 parties aux poins *q, p,* C, *i* harmoniquement, & ayant mené des lignes par ces poins de divifion & par le fommet A elles coupperont la ligne P I qui eft paralelle à l'une d'elles A C en deux parties égales au point Q. par le 6 Lemme & tous les poins comme Q eftant donnés par les poins comme *q* de la ligne *o* B prolongée ; tous ces poins comme Q feront fur le plan couppant fur une mefme ligne droitte O Q qui eft formée par la ligne droite *o q* B fur la bafe, & qui paffera par le centre O des Sections , puifqu'il a efté demontré que le point *o* fur la bafe donne le centre O des fections fur le plan couppant.

Puifque donc cette ligne O Q divife en deux également toutes les lignes paralelles à une mefme, comme P I, comprifes entre les Sections oppofées : cette ligne O Q fera appellée *diametre des Sections oppo-fées,* & les paralelles qu'elle divife en deux également feront appellées *ordonnées entre les Sections oppofées à ce mefme diametre.*

Mais lorfque la ligne O Q qui eft diametre divife en deux également toutes les lignes paralelles au diametre F L comme P I ainfi qu'il a efté demonftré. Car F L & P I font paralelles à A C, auffi toutes les lignes paralelles à l'autre diametre O Q feront couppées en deux également dans les Sections par le Diametre F L ainfi qu'il a efté pareillement demontré. Tels diametres font appellez *conjuguez l'un à l'autre.*

Il eft évident que toutes les lignes menées du point *o* dans le cercle, comme *o f l* donneront des diametres fur le plan couppant. Et toutes les autres lignes menées auffi du point *o* hors le cercle en donneront auffi d'autres. Mais elles donneront des diametres conjuguez lorfque la ligne *o f l* menée dans le cercle paffe par les attouchemens des lignes menées d'un point B pris fur la ligne B C & lorfque l'autre ligne me-née hors le cercle du mefme point *o* paffe par ce point B.

Mais fi l'on mene des lignes B *f* B *l* qui touchent le cercle aux poins *f* & *l*, & qui foient paralelles à B C : la ligne *f l* qui joindra les attou-chemens paffera par le centre du cercle & par le point *o* rencontre des

D

lignes *o n* , *o h* , qui touchent le cercle aux poins *n* & *h* où la ligne B C
le couppe par le Schol. du 11 Lemme.

Et ayant mené dans le cercle autant que l'on voudra de lignes qui
le couppent & qui foient paralelles à B C , comme *m t* , *p g* , elles feront toutes couppées en deux également par la ligne *o f l* qui joindra les
atouchemens , & qui paffera par le centre du cercle. Et fi l'on mene
des plans par toutes ces lignes qui touchent le cercle & qui le couppent & par le fommet **A** , elles donneront fur le plan couppant des lignes M I , L *b* , F *b* , G P toutes paralelles entr'elles & à la ligne B C
par le 10e Lem. : mais puifque fur les plãs des triangles A *m i* A *p g* les
lignes M I , & P G font paralelles aux bafes, & puifque les lignes A *r* ,
& A *t* qui font fur le plan A *f l* , couppent les lignes *m i* & *p g* en deux
également aux poins *r* & *t* , elles coupperont auffi en deux également
les lignes G P & M I aux poins R & T. Il en fera de mefme à l'é-
gard de toutes les autres qui leur feront paralelles. Et le refte de la
demonftration fe fera feulement comme cy-devant tant pour les touchantes aux extremitez des diametres que pour les diametres fepare-
ment , & pour les diametres conjuguez.

Mais fi la ligne B C paffe par le centre du cercle , alors les touchantes aux poins *n* & *h* feront paralelles entr'elles & perpendiculaires à
la ligne B C. Auffi toutes celles qui joindront les attouchemens comme *f l* des lignes menées de tous les poins de la ligne B C feront
auffi paralelles entr'elles & perpendiculaires à B C par le Scholie du 16
Lemme. Et feront toutes couppées en 2 également par la ligne B C.
Et les plans qui pafferont par le fommet **A** & par toutes ces lignes paralelles auront une ligne A *o* qui leur fera paralelle, & qui fera la
rencontre commune de tous ces plans par le 18. Lemme.

Mais la ligne *l f* qui joindra les attouchemens, eftant couppée en
2 également au point C par la ligne B C & ayant tiré les lignes *f* A ,
C A , *l* A prolongées au delà de A , & A *o* eftant paralelle à *f l* ; par le
6 Lemme la ligne F L fur le plan couppant fera couppée au point
O en deux également, mais C *r* & C *t* eftant pour lors auffi égales par
la mefme raifon O R & O T fur le plan couppant le feront auffi.

Et fi l'on tire par le point B la ligne B *o* paralelle à *l f o* qui joint les
attouchemens des lignes tirées du mefme point B, on fera la meme demonftration que l'on a faite cy-devant pour les lignes comme *i* C *p q*,
qui donnent fur le plan couppant les ordonnées entre les Sections oppofées , & pour lors toutes les lignes comme *f l* perpendiculaires à

B C donnent des diametres auſſi bien que B *o* perpendiculaire à la méme B C.

Sur les Aſymptotes.

Si l'on fait paſſer des plans par le ſommet A & par les lignes *o n*, *h o* Fig.
qui touchent le cercle aux poins *n* & *h* où la ligne B C le couppe : ces 34.
plans coupperont le plan couppant aux lignes S Q E , V O D, & ces
deux lignes ſont appellées *Aſymptotes.*

Il eſt évident qu'elles s'entrecouppent au point O centre de la Section, puiſque les plans qui les forment ont pour commune rencontre
la ligne *o* A qui donne le centre O.

Si la ligne V F S qui touche la Section au point F, rencontre les A-
ſymptotes en V & en S elle ſera couppée en deux également par le
point touchant F.

Cette ligne V S eſt formée par la ligne B *u* ſur la baſe comme il a
eſté monſtré, qui touche le cercle au point *f*. Et par le 17 Lemme la
ligne B *u* eſt couppée aux poins B, *f*, *ſ*, *u* en 3 parties harmoniquement. Mais la ligne S V ſur le plan couppant a eſté demontrée paralelle à A B, qui eſt l'une des 4 ligñes menées par les poins de diviſion
de la ligne B *u*, & par le ſommet A, & puiſqu'elle eſt couppée par
les trois autres au point S F V : elle ſera couppée en deux parties égales par le 6 Lemme.

Mais ſi la ligne B *u* eſtoit paralelle à B C. Il s'enſuivroit toûjours la
meſme choſe comme il a eſté expliqué cy-devant.

De plus, ſi l'on mene la ligne X G P Z qui rencontre les Aſymptotes
en X & en Z & qui couppe la Section en G & en P ; les parties de cette ligne G X & P Z compriſes entre la Section & les Aſymptotes ſeront égales.

Cette ligne X Z ſera donnée ; car la ligne B *x* ſur la baſe, qui ſera couppée aux poins B *z r*, *x* en trois parties harmoniquement par
le corr. du 17 Lemme, & puiſque le plan qui paſſe par A & par la
ligne B *x* donne ſur le plan couppant la ligne X Z & ſur le plan A B C
qui luy eſt paralelle la ligne A B ; ces deux lignes A B, & X Z
ſont paralelles. Mais cette ligne X Z eſtant paralelle à A B qui paſſe
par un des poins de diviſion de la ligne B *x*, ſera couppée par les trois
autres aux poins X, R, Z en deux parties égales, par le 6 Lem.

Et de meſme par le 9 Lemme la ligne B *g* eſtant couppée aux poins
B , *p*, *r*, *g*, en trois parties harmoniquement, & P G venant d'eſtre

D ij

démontrée paralelle à A B l'une des 4 lignes menées du sommet A aux
poins de division de la ligne B g & estant couppée par les autres elle le
sera en deux parties égales au point R par le 6 Lemme. Mais si la ligne
B x estoit paralelle à B C la mesme chose s'ensuivroit comme il a esté
dit cy-devant. Puisque donc R G & R P sont égales, & R X & R Z
aussi égales G X & P Z le seront aussi & G Z & P X pareillement.

Deplus si une ligne droite P I rencontre les Sections opposées en
P & en I & les Asymptotes en Æ & en & : Je dis que les parties
de cette ligne comprises entre les Asymptotes & les Sections sont
égales.

Si par la ligne P I & par le sommet A on fait passer un plan. Il rencontrera la base en la ligne p i qui passera par le point C. Car il a
esté démontré que tous les plans qui passent par le point A & par des
ordonnées comprises entre les deux Sections coupperont le plan de la
base en des lignes qui passeront par le point C où la ligne o l qui forme
le diametre F L paralelle à ces ordonnées, rencontre la ligne B C &
si cette ligne p i est prolongée elle rencontrera la ligne B o au point q,
où bien elle luy sera paralelle. Mais si elle la rencontre par le 15 Lem.
cette ligne i q sera couppée aux poins i, C, p, q en 3 parties harmoniquement, mais le plan A q i rencontrant le plan par le sommet A en
la ligne A C, & le plan couppant qui luy est paralelle en la ligne P I,
ces deux lignes A C & P I seront paralelles, & les lignes qui passeront
par le sommet A & par les poins de division de la ligne q i, coupperont
la ligne P I paralelle à l'une d'entr'elles en deux parties égales au point
Q ainsi qu'il a esté déja dit cy-devant. Mais aussi la ligne i C p rencontrant les deux touchantes o n, o h qui donnent les Asymptotes sur
le plan couppant aux poins æ & & prolongées ou non audelà de o,
sera couppée par les lignes o B, o n, o C, o h aux poins q, &, C, æ en
3 parties harmoniquement par le corrol. du 17 Lem. & si par ces poins
de division & par le sommet A on mene des lignes elles coupperont la
ligne & Æ en deux parties égales au point Q par le 6 Lemme, puisque
cette ligne & Æ a esté démontrée paralelle à l'une d'elles A C qui l'est
aussi au diametre F L paralelle à & Æ.

Mais si la ligne p i est paralelle à o B elle sera couppée en deux également au point C comme il est facile de conclure du 15 Lem. & cette
ligne estant prolongée jusques au touchantes o n, o h elle sera encore
couppée en deux également au point C par le 3e Lemme estant paralelle à l'une des extremes o B des quatre lignes o B, o n, o l, o h qui pas-

fent par les poins de divifion de la ligne B *h*, & le refte de la demonftration fe fera comme cy devant par le 6 Lemme.

Les deux lignes donc Q I & Q P font égales & Q Æ Et Q & auffi
égales, donc I Æ fera égale à P &. Et I & égale à Æ P.

Deuxiéme Partie des trois Sections.

Si l'on mene deux lignes V N, V L fur le plan couppant, qui tou- *Fig.*
chant la Section aux poins N & L conviennent en un point V : la li- 32.
gne V P menée de ce point V au point P qui divife en deux également 35.
la ligne N L qui joint les attouchemens fera diametre dans la Section 36.
des ordonnées paralelles à N L.

Si l'on conçoit des plans A N V, A L V, A N L, A V P qui paffent
par le fommet A, & par les lignes V N, V L, V P, N L ils rencontre-
ront le plan de la bafe aux lignes *u n*, *u l*, *u p*, *n l* dont *u n* & *u l* toucheront le cercle aux poins *n* & *l* formez par les poins touchans fur la
Section N & L.

Mais la ligne *n l* qui joint les attouchemens eftant prolongée rencontrera la ligne B C en quelque point C ou bien elle luy fera paralelle : mais maintenant qu'elle la rencontre.

Si du point C on mene deux lignes C *h*, C *m* qui touchent le cercle
aux poins *h* & *m*, & ayant joint ces attouchemens par la ligne *m h*,
cette ligne *m h* paffera par le point *u* par le 11 Lem. & par le 9 Lemme
la ligne C *n l* fera couppée aux poins C, *n*, *p*, *l* en 3 parties harmoniquement.

Ayant tiré des lignes par le point A & par les poins de divifion de
cette ligne C *n*, puifque le plan A B C par le fommet eft paralelle au
plan couppant le plan A *n l* les couppant tous deux aux lignes A C &
N L, ces deux lignes feront paralelles & par le 3 Lemme elle fera
couppée au point P par la ligne A *p* en deux également ; donc la ligne
u p qui eft formée par la ligne V P n'eft qu'une mefme ligne avec *m h*.

Mais puifqu'il a efté démontré que toutes les lignes comme *m h* qui
joignent les attouchemens des lignes menées des poins de la ligne B C
donnent des diametres fur le plan couppant la ligne V P fera donc diametre de la Section & de toutes les paralelles à N L puis qu'elles font
formées par des lignes qui concourrent toutes au point C fur la bafe,
ainfi qu'il a efté expliqué dans la premiere partie.

Maintenant fi la ligne *n l* eft paralelle à B C & fi l'on tire les deux
touchantes *h* C *m* C paralelles à *n l* qui rencontre le cercle en *m* & en

b : la ligne *m b u* qui joindra les attouchemens paſſera par le centre du cercle & par le point *u* par le Scholie du 11 Lemme & la ligne *n l* ſera couppée en deux également au point *p* : mais eſtant paralelle à B C par le 19 Lemme la ligne A C qui ſera commune Section des deux plans A *n l*, A B C leur ſera auſſi paralelle, mais le plan couppant eſtant paralelle au plan A B C, la ligne N L Section du plan couppant & du plan A *n l* ſera auſſi paralelle à A C ou à *n l*. Et puiſque *n l* eſtant paralelle à N L eſt couppée en deux également au point *p* , la ligne A *p* couppera auſſi en deux également au point P la ligne N L ; & ſuivant ce qui a eſté dit dans la premiere partie la ligne *u p m* donne un diametre ſur la Section qui ſera la ligne V P qui couppera en 2 également la ligne N L & toutes ſes paralelles qui ſeront auſſi données par des paralelles ſur la baſe.

Mais ſi les deux plans A V N, A V L donnent ſur la baſe deux lignes touchantes *u n*, *u l* qui ſoient paralelles entr'elles, ce qui arrivera lorſque la ligne menée par le point A & par le point V eſtant prolongée ne rencontrera point le plan de la baſe : la ligne N L qui joindra les attouchemens donnera ſur la baſe la ligne *n l*, qui rencontrera la ligne B C au point C, ou qui luy ſera paralelle, & le reſte s'enſuivra comme cy-devant.

Pour les Sections oppoſées.

Fig.
37. Si l'on mene deux lignes V N, V L ſur le plan couppant qui touchant les Sections oppoſées aux poins N & L conviennent en un point V : la ligne V P menée de ce point V au point P qui diviſe en deux également, la ligne N L qui joint les attouchemens ſera diametre ſur le plan couppant des ordonnées entre les Sections oppoſées paralelles à N L.

Si l'on conçoit des plans A N V, A L V, A N L, qui paſſent par le ſommet A, & par les lignes V N, V L, L N, ils rencontreront le plan de la baſe aux lignes *u n*, *u l*, *n l* dont *u n* & *u l* toucheront le cercle aux poins *n* & *l* formez par les poins touchans ſur les Sections N & L.

Mais la ligne N L qui joint les attouchemens & qui rencontre les Sections oppoſées forme ſur le plan de la baſe la ligne *n l* qui joint les attouchemens *n* & *l* & qui rencontre la ligne B C en C dans le cercle, ainſi qu'il a eſté obſervé dans la premiere Partie. Mais cette ligne *n l* rencontrera la ligne *u o* menée par le point *u* & par le point *o*

rencontre des touchantes aux poins *m* & *h* ou B C couppé le cercle ,
ou bien elle fera paralelle à cette ligne *u o*, mais prefentement qu'elle
la rencontre en *p.*

Cette ligne *p l* fera couppée aux poins *p, n* C *l* en trois parties harmoniquement par le 15 & 14 Lemme. Et ayant mené par le fommet
A & par les poins de divifion de la ligne *p l ,* des lignes; elles diviferont
en deux également la ligne N L en P fur le plan couppant par le 6
Lemme, puifque la ligne A C qui eft l'une d'entr'elles eft paralelle à
N L, car elles font toutes deux Sections du mefme plan A N L fur
deux plans paralelles, à fçavoir le couppant & le plan A B C par le
fommet ; donc le point P qui divife en deux également la ligne N L
forme le point *p* fur la bafe. Mais il a efté démontré que toutes les
lignes qui paffent par le point *o* & qui ne rencontrent pas le cercle
donnent fur le plan couppant les diametres des ordonnées entre les
Sections oppofées, lefquelles ordonnées feront formées par des lignes
qui pafferont par le point C : car toutes ces lignes donneront des paralelles à N L fur le plan couppant, & qui feront toutes couppées en
deux également par la ligne V P qui eft formée par la ligne *u o p* fur
la bafe : ce qui fe démontrera de la mefme façon que la ligne N L a
efté démontrée eftre couppée en deux également au point P.

Mais fi *n l* eft paralelle à *u o* elle fera couppée en deux également au
point C comme il fera aifé de conclure du 15 Lemme, & la commune
Section des deux plans A *u o* & N L A *n l* fera la ligne droite A P paralelle à *n l* par le 18 Lemme, & A C ayant efté démontrée paralelle à
N L : cette ligne N L fera couppée en deux également au point P par
le 6 Lemme, par la ligne A P paralelle à *n l.* Mais la ligne V A a
rencontré la bafe au point *u*, & le plan qui paffera par les deux lignes
paralelles *u o*, A P paffera auffi par la ligne A *u* & par confequent par
le point V fur le plan couppant & par le centre O, puifque ce plan
paffe par le point *o* fur la bafe, qui forme le centre O fur le plan couppant, & ainfi en ce cas la ligne V P fera auffi diametre.

De plus fi les deux plans A V N, A V L donnent fur le plan de la
bafe deux lignes touchantes *u n*, *u l* paralelles entr'elles, ce qui arrivera
feulement lorfque la ligne A V ne rencontrera point le plan de la bafe,
& cette ligne A V fera paralelle aux deux lignes *u n*, *u l* fur la bafe par
le 20 Lemme : Mais la ligne *n l* qui joint les attouchemens paffera par
le centre du cercle. Mais il a efté auffi démontré qu'elle doit paffer
par le point C, donc cette ligne *l* C *n* rencontrera en *p* la ligne *o p* me-

née par le point *o* paralelle à la ligne *un* ou *ul* touchante par le Scholie du 15e Lem. & par le 14e Lem. elle fera couppée en 3 parties aux
poins *l* C, *n*, *p* harmoniquement. Il eſt évident qu'elle rencontrera
cette ligne *o p* en un point *p* puiſqu'elle couppe perpendiculairement les
touchantes qui luy ſont paralelles. Si donc des poins de diviſion *l*, C,
n p on mene des lignes qui paſſent par le ſommet A, elles coupperont
la ligne N L paralelle à l'une d'entr'elles A C en deux parties égales au
point P par le 6e Lemme, & le reſte de la démonſtration ſe fera comme cy-devant.

Troiſiéme Partie des trois Sections.

Fig.
38.
39.
40.
41.   Si deux lignes droites V L, V N ſur le plan couppant touchant la
Section conviennent en un point V : la ligne V H P M que l'on mene
de ce point V & qui rencontre en deux poins H & M la Section rencontrera auſſi la ligne N L qui joint les attouchemens, en P & ſera
diviſée par les poins V, H, P, M en 3 parties harmoniquement.

Si l'on conçoit des plans qui paſſent par le ſommet A & par les lignes
V L, V N, V M, L N ils rencontreront le plan de la baſe aux lignes
u l, *u n* qui toucheront le cercle aux poins *l* & *n*; *u m* qui le couppera
aux poins *h* & *m*; & *l n* qui joindra les attouchemens.

Mais ſi les 2 lignes *u n*, *u l* conviennent au point *u* par le 9e Lemme
la ligne *u m* ſera couppée en 3 parties harmoniquement aux poins
u, *h*, *p*, *m* : donc ſur le plan couppant la ligne V M qui eſt couppée aux
poins V, H, P, M par les lignes menées du ſommet A aux poins de
diviſion de la ligne *u m*, leſquels poins de diviſion ont eſté formez par
les poins V, H, P, M, & par le 6e Lemme cette ligne V M ſera couppée aux poins V, H, P, M harmoniquement.

Mais ſi les deux lignes *u n*, *u l* touchantes ſont paralelles entr'elles,
auſſi la ligne *u m* qui couppe le cercle leur ſera auſſi paralelle par le
20e Lemme, & elle ſera couppée en deux également & perpendiculairement par la ligne *l n* qui joint les attouchemens, & la ligne A V
qui eſt la rencontre des plans A V *u l*, A V *u n*, A V *u m* ſera auſſi
paralelle à *u m* par le 18e Lemme, & par le 4e Lem. la ligne V M
ſera couppée par les lignes A V, A *h*, A *p*, A *m*, aux poins V, H, P, M
en 3 parties harmoniquement.

Si la ligne V H P M qui paſſe par le point V rencontre les Sections
oppoſées en H & en M, & celle qui joint les attouchemens en P :
cette ligne ſera auſſi diviſée aux poins M, V, H, P en 3 parties harmoniquement:

moniquement. Car cette ligne M P donnera fur la bafe la ligne *u m*
& cette ligne *u m* fera divifée aux poins *u, h, p, m* en 3 parties harmoniquement par le 9ᵉ Lemme, pourvû que les 2 lignes *u n, u l* conviennent
au point *u* & ayant tiré des lignes par le fommet A & par les poins
de divifion de la ligne *u m*, elles coupperont la ligne M P aux poins M,
V, H, P en trois parties harmoniquement par le 6ᵉ Lemme. Et fi les
deux touchantes *u n*, *u l* fur la bafe font paralelles, la mefme chofe fera
encore manifefte par le 6ᵉ Lemme.

Mais fi la ligne V N touche une des Sections oppofées, & la ligne
V L touche l'autre : la ligne V M qui paffant par le point V rencontre
l'une des deux Sections en deux poins H & M, & la ligne N L qui
joint les attouchemens en P fera divifée aux poins V, H, P, M en trois
parties harmoniquement. Car ces deux touchantes donnent fur le
plan de la bafe les deux touchantes *u n*, *u l* & la ligne *u m* qui eft donnée par la ligne V M eft couppée en trois parties harmoniquement,
aux poins *u, h, p, m* pourvû que les lignes *u n* & *u l* conviennent au point
u. Et fi par ces poins de divifion & par le fommet A on mene des
lignes, elles coupperont la ligne V M aux poins V, H, P, M qui ont
formé les poins de la ligne *u m* fur la bafe, en trois parties harmoniquement par le 6ᵉ Lemme. Et fi les touchantes *u n* & *u l* fur la bafe étoient
paralelles on démontrera la mefme chofe, comme cy-devant.

De plus fi la ligne V H P M rencontre les deux Sections oppofées
aux poins H & M & celle qui joint les attouchemens au point P : elle
fera auffi divifée en ces poins V, H, P, M en trois parties harmoniquement. Car la ligne *u m* qu'elle forme fur le plan de la bafe, couppe le
cercle aux poins *h* & *m*. Et celle qui joint les attouchemens au point
p : mais tous ces poins *u, h, p, m* divifent la ligne *u m* en trois parties,
harmoniquement par le 9 Lemme, pourvû que les lignes *u n* & *u l*
conviennent au point *u* & font formez par les poins V, H, P, M. Si
l'on mene donc des lignes par les poins de divifion de la ligne *u m* &
par le fommet A elles coupperont la ligne V M aux poins V, H, P, M
en trois parties harmoniquement par le 6 Lemme. Et fi les touchantes
u n & *u l* eftoient paralelles, la mefme demonftration s'en feroit comme cy-devant par le 4. Lemme.

Dans la parabole, dans l'hyperbole & dans les Sections oppofées.
Si du point *u* fur la bafe on mene une ligne *u* C qui couppe le cercle
en un des poins où la ligne B C le rencontre : cette ligne *u* C formera
fur le plan couppant une ligne V P qui fera couppée en deux égale-

E

ment par la Section qu'elle rencontrera feulement en un point, par
la ligne N L qui joint les attouchemens & par le point V. Car le plan
A *u* C donnera fur le plan couppant la ligne V P, & fur le plan par
le fommet A B C la ligne A C qui fera paralelle à V P. Mais fi l'on
mene des lignes par le fommet A & par les poins de divifion de la
ligne *u* C qui fera couppée aux poins *u*, *h*, *p*, C en trois parties harmoniquement par le 9e Lemme, pourvû que les deux lignes *u n*, & *u l*
conviennent au point *u*, elles coupperont la ligne V P paralelle à A C
l'une d'entr'elles en deux parties égales par le 6 Lemme aux poins V,
H, P.

Il fera évident dans la parabole que cette ligne V P fera diametre
puifqu'elle eft donnée par la ligne V C qui couppant le cercle paffe par
le point C où la ligne B C le touche.

Mais dans l'hyperbole & dans les Sections oppofées cette ligne V P
formée par la ligne V C fera paralelle à une des Afymptotes, ce qui
eft évident, Puifque la ligne A C fera commune Section du plan A *o*
C qui forme l'Afymptote & du plan A *u* C qui forme la ligne V P fur
le plan couppant, & puifque cette ligne A C eft fur le plan A B C paralelle au plan couppant par le 20e Lemme, ces plans A *o* C, A *u* C donneront fur le plan couppant deux lignes paralelles entr'elles, à fçavoir l'Afymptote & la ligne V P.

Si les lignes *u l*, *u n* fur la bafe étoient paralelles en menant auffi
V C qui leur foit paralelle, la demonftration s'en fera comme cy-devant par le 4e & 6e Lemme.

Et fi le point V eftoit pris dans une des Afymptotes, & que de ce point
on mene une touchante à la Section, & que par le point touchant on
mene une paralelle à l'autre Afymptote, la ligne qui paffant par le
point V, & qui remonftre les Sections oppofées, & celle qui eft paralelle à l'autre Afymptote fera couppée auffi harmoniquement, ce qui
eft évident par la conftruction & par la generation des Afymptotes,
& fuivant ce qui vient d'eftre dit.

Quatriéme Partie des 3. Sections.

Si l'on mene une ligne droite E D V fur le plan couppant, qui étant
prolongée ne rencontre point la Section, ou bien les Sections oppofées, n'étant pas Afymptote. Ayant pris autant de poins que l'on voudra comme D, V, fur cette ligne, & fi de chacun de ces poins on mene deux touchantes à la Section ou aux Sections oppofées comme

Fig.
42.
43.
44.

VL, V N : D H, D M : Je dis que toutes les lignes comme N L, H M qui joindront les attouchemens, passeront toutes par un mesme point P dans la Section ou dans les Sections opposées. Et de plus je dis que toutes les lignes droites comme E F P G qui passant par le point P rencontrent la ligne V D en E, & la Section ou les Sections opposées aux poins F & G seront couppées en ces mesmes poins E, F, P, G en trois parties harmoniquement.

Si l'on mene des plans qui passent par le sommet A & par toutes les lignes V D, VN, V L, D H, D M, L N, H M, E G tous ces plans rencontreront le plan de la base aux lignes *u d* qui ne rencontrera point le cercle, *u n*, *u l*, *d h*, *dm* qui le toucheront aux poins *n, l, h, m* formez par les poins N, L, H, M de la Section ou des Sections opposées, *l n*, & *h n* qui joindront les attouchemens, & *e g* qui couppera le cercle aux poins *f* & *g* formez par les poins F & G de la Section ou des Sections opposées, & qui passera en *p* qui sera donné par le point P, & qui sera commune Section des lignes qui joindront les attouchemens, comme le point P est la commune Section de toutes les lignes qui joignent les attouchemens sur la Section, ou sur les Sections opposées, & en *e* la ligne *u d* qui est formée par la ligne V D & le point *e* par le point E.

Par le 15ᵉ Lemme, si du point *e* on mene des touchantes au cercle, la ligne qui joindra les attouchemens passera par le point *p* & par le 9ᵉ Lemme, la ligne *e g* sera couppée aux poins *e, f, p, g* en trois parties harmoniquement. Mais les lignes menées par ces poins de division & par le sommet A rencontreront la ligne E G sur le plan couppant aux poins E, F, P, G & par le 5 ou 6ᵉ Lemme elle sera couppée en ces poins E, F, P, G en 3 parties harmoniquement, & ainsi des autres.

Mais si le plan A V D est paralelle au plan de la base, la ligne V D ne pourra point donner de ligne *u d* sur la base, & pour lors les plans A VN, A V L donneront sur la base par le 20ᵉ Lem. deux lignes touchantes paralelles entr'elles, la ligne donc qui joindra les attouchemens passera par le centre du cercle. Demesme les 2 plans A H D, A M D donneront sur le plan de la base deux lignes touchantes paralelles entr'elles, & celle qui joindra les attouchemens passera par le centre du cercle, & ainsi de toutes les autres ; le point P sur la Section donnera donc en ce cas le centre du cercle de la base; mais le plan A D V estant paralelle en ce cas au plan de la base, la ligne A E sera paralelle à la ligne *f g* mais cette ligne *f p g* passera par le centre du cercle. Elle

fera donc couppée en 2 également par ce centre , & par le 4 ou 6ᵉ
Lemme la ligne E G fera couppée aux poins E, F, P, G en trois parties harmoniquement.

Mais fi le plan A D V n'eſt pas paralelle au plan de la baſe , & que
la ligne menée du ſommet A au point E ne puiſſe point rencontrer le
plan de la baſe , auſſi les plans qui paſſeront par le ſommet A & par les
lignes qui toucheront la Section ou les Sections oppoſées venant du
point E donneront ſur le plan de la baſe deux touchantes paralelles entr'elles , & à la ligne A E par le 10ᵉ Lemme , puiſque la rencontre de
ces deux plans eſt une ligne A E qui ne peut rencontrer le plan de la
baſe , & celle qui joindra les attouchemens paſſera par le centre du cercle & ſera perpendiculaire aux touchantes : mais la ligne *f g* eſt auſſi
paralelle aux touchantes & ſera auſſi perpendiculaire à celle qui joint
les attouchemens , & en ſera couppée en deux également au point *p* :
mais la ligne A E luy eſt paralelle. Si l'on mene donc des lignes par le
ſommet A & par les poins *f p g* ces lignes avec la ligne A E coupperont la ligne E G ſur le plan couppant en 3 parties harmoniquement
par le 4ᵉ ou 6ᵉ Lem.

Mais ſi ſur la Section on mene la ligne F G par le point P paralelle
à D V je dis que cette ligne F G ſera couppée en deux également au
point P.

Car ſi l'on mene des plans par le ſommet A , & par ces deux paralelles D V , F P G ces deux plans coupperont le plan de la baſe aux
deux lignes *d u*, *f p g* qui ſe rencontreront en un point, ou qui ſeront
paralelles. Si elles ſe rencontrent en un point *e* ſuivant ce qui a eſté
demonſtré au commencement de cette partie, cette ligne *e f p g* eſt coupée en 3 parties harmoniquement en ces poins *e, f, p, g* & les lignes qui
paſſeront par ces poins de diviſion & par le ſommet A coupperont la
ligne F P G paralelle à A *e* l'une d'entr'elles, en deux parties égales
aux poins F, P, G par le 3ᵉ Lemme. Il eſt evident que la ligne A *e* eſt
paralelle à F P G car les deux plans A *e g*, A *e u* eſtant couppés par le
plan couppant donnent ſur ce plan couppant deux lignes F G, D V paralelles entr'elles & à la ligne A *e* leur commune rencontre par le 18ᵉ
Lemme.

Mais ſi les deux lignes *d u*, & *f g* ſont paralelles entr'elles, la ligne
qui joindra les attouchemens des touchantes qui leurs ſeront paralelles , paſſera par le point *p* & par le centre du cercle par le ſcholie du
15ᵉ Lemme, & couppera perpendiculairement toutes ces paralelles

eſtant diametre du cercle, & par conſequent en deux également la
ligne *f g* en *p*. La ligne A *p* couppant donc en deux également la ligne
f g dans le triangle A *f g* couppera auſſi en deux également en P la ligne F G paralelle à *f g*.

Dans la parabole & dans l'hyperbole ; ſi la ligne qui paſſe par le
point *p* comme *e p* C rencontre le cercle aux poins C ou B , ou la ligne
B C le rencontre, cette ligne formera ſur la Section une ligne qui ne
rencontrera la Section qu'en un point , & ſuivant ce qui a eſté dit dans
la Partie precedente : cette ligne dans la parabole ſera diametre & dans
l'hyperbole ſera paralelle à l'une des Aſymptotes. Et puiſque cette
ligne *e f p* C eſt couppée en trois parties harmoniquement aux poins
e , *f* , *p* , C , ainſi qu'il vient d'eſtre démontré. Si l'on mene des lignes
par le ſommet A & par ces poins de diviſion, puiſque la ligne A C
l'une d'entr'elles eſt paralelle à la ligne P E , eſtant toutes deux Sections d'un meſme plan A F C , & de deux plans paralelles du couppant
& du plan A B C par le ſommet : cette ligne P E ſera couppée en 2
parties égales aux poins P F E par le 3ᵉ Lemme.

Il ſera auſſi évident que ſi l'on prend un point P dans la Section, &
que de ce point P on mene des lignes qui rencontrent la Section ou les
Sections oppoſées, ſi de ces rencontres on mene des touchantes : elles
s'aſſembleront toutes deux à deux, à ſçavoir celles qui partent des extremitez d'une meſme ligne, ſur une meſme ligne droite : hormis ſeulement lorſque les deux touchantes aux extremitez de l'une de ces lignes
ſeront paralelles entr'elles : car pour lors ces touchantes ſeront auſſi
paralelles à la ligne ſur laquelle s'aſſemblent toutes les autres touchantes : & les lignes qui paſſent par ce point P & qui rencontrent la Section ou bien les Sections oppoſées ſeront couppées en trois parties
harmoniquement par les deux poins de rencontre de la Section ou des
Sections oppoſées, par la rencontre de la ligne où s'aſſemblent les touchantes & par le point P , & ſi elles ne rencontrent pas la Section en
2 poins ou qu'elles ne rencontrent ſeulement qu'une des Sections oppoſées & ſeulement en un point , ou bien qu'elles ne rencontrent point
la ligne où s'aſſemblent les touchantes : elles ſeront couppées en deux
également par les autres poins de rencontre. Ce qui eſt la converſe
de cette partie.

Pour les Sections oppoſées on obſervera que ſur la baſe de tous les
poins pris hors du cercle dans l'angle B *o* C où ſon oppoſé au ſommet
on pourra mener deux touchantes à l'une des parties du cercle qui for-

me l'une des Sections oppofées : & par confequent fi fur le plan couppant on prend quelque point dans les angles formez par l'angle B *o* C
où fon oppofé au fommet, qui font ceux qui contiennent les Sections
oppofées, & qui font formez par les Afymptotes, ainfi qu'il a efté dit,
on pourra de ce point mener deux touchantes à l'une des Sections,
puifqu'elles font formées par les touchantes du cercle. Mais fi fur la
bafe on prend un point hors de cét angle B *o* C ou de fon oppofé au
fommet, les lignes qui venant de ce point toucheront le cercle, l'une
touchera neceffairement la partie du cercle qui forme une des Sections
oppofées, & l'autre touchera l'autre partie du cercle qui forme l'autre
Section oppofée. Auffi fur le plan couppant, fi l'on prend un point hors
de ces deux angles qui comprennent les Sections, & qui font formez
par les Afymptotes, on pourra de ce point mener feulement deux
touchantes aux deux Sections oppofées à chacune une.

Cinquiéme Partie des trois Sections.

Fig.
45.
46.
47.
Si l'on mene une ligne droite Y D fur le plan couppant qui couppe
la Section ou les Sections oppofées aux poins N & L. Ayant pris autant de poins que l'on voudra comme Y D fur cette ligne & hors de la
Section ou des Sections oppofées : fi de chacun de ces poins on mene
des touchantes à la Section au aux Sections oppofées comme Y Q,
Y R : D M, D H : Je dis que toutes les lignes comme Q R & H M
qui joindront les attouchemens pafferont par un mefme point P hors
de la Section ou des Sections oppofées, ou bien elles feront toutes
paralelles entr'elles ce qui arrivera lorfque la ligne Y D paffera par le
centre de la Section ou des Sections oppofées.

Car fi l'on mene des plans qui paffent par le fommet A & par les
lignes Y D, R Q, M H, Y Q, Y R, D M, D H, ces plans rencontreront le plan de la bafe aux lignes *y d* qui couppera le cercle de la bafe
aux poins *n* & *l* ; *y q*, *y r*, *d h*, *d m* qui toucheront le cercle aux poins
q, *r*, *h*, *m* qui feront formez par les poins Q, R, H, M ; & *r q* & *m h*,
qui joindront les attouchemens. Mais toutes les lignes comme *r q*,
m h qui joindront les attouchemens des lignes menées des poins comme *y* & *d* de la ligne *y d* qui couppe le cercle conviendront toutes en
un point *u* hors le cercle par le 15ᵉ Lemme, auquel point les lignes *n u*,
l u qui touchent le cercle aux poins *n* & *l* ou la ligne *y d* le couppe conviennent auffi ; ou bien ces lignes touchantes & celles qui joignent les
attouchemens feront toutes paralelles entr'elles, ce qui arrivera lorf-

que la ligne *y d* paſſera par le centre du cercle, & pour lors la ligne qui
ſera la commune rencontre de tous les plans qui paſſent par le ſommet
A , & par toutes ces paralelles qui touchent le cercle & qui joignent
les attouchemens ne rencontrera point le plan de la baſe & ſera paralelle aux paralelles qui ſont ſur la baſe par le 18ᵉ Lem. Mais toutes ces
lignes qui ſont ſur la baſe ſont formées par celles qui ſont ſur le plan
couppant, donc celles qui ſont ſur le plan couppant & qui joignent les
attouchemens des lignes menées des poins de la ligne Y D ſe rencontreront toutes au point V où conviennent les lignes qui touchent la
Section ou les Sections oppoſées aux poins N & L ou la ligne Y D
couppe la Section ou les Sections oppoſées , lequel point V eſt formé
par le point *u* de la baſe, ou par la ligne qui eſt commune rencontre
des plans qui paſſent par le ſommet A , & par les lignes touchantes aux
poins *n* & *l* & par *r q*, & *m h*. Mais ſi cette ligne qui eſt commune
rencontre de ces plans ne rencontre point le plan couppant, pour lors
les lignes N V , R Q , M H , L V ſeront paralelles entr'elles & à la
ligne commune rencontre des plans, & la ligne Y D qui joint les attouchemens des touchantes paralelles ſera diametre de la Section ou
des Sections oppoſées, ſuivant la premiere Partie.

Je dis de plus que toutes les lignes menées par ce point V & qui
rencontreront la Section en deux poins ou bien les Sections oppoſées,
& la ligne Y D menée d'abord ſeront couppées en trois parties harmoniquement. Et ſi cette ligne menée par le point V eſt paralele à la
ligne Y D ou bien ſi elle ne rencontre la Section qu'en un point ſeulement elle ſera couppée en deux parties égales, ce qui eſt évident par
la 3ᵐᵉ partie : car les lignes V N, V L qui conviennent au point V
touchent la Section ou les Sections oppoſées aux poins N & L & la
ligne Y D n'eſt qu'une meſme ligne avec N L qui joint les attouchemens.

Sixiéme Partie des trois Sections.

Si trois lignes droites K N , K H , D L touchent la Section ou les Fig.
Sections oppoſées aux poins N, H, L chacune ſera couppée par les 48.
deux autres, & par celle qui joint leurs attouchemens, & par ſon 49.
propre point touchant en trois parties harmoniquement comme D L 50.
ſera couppée aux poins D, R, L, S en cette proportion, à ſçavoir aux 51.
poins R & S par les autres touchantes K N, K H; au point D par la
ligne H N qui joint leurs attouchemens & par ſon propre point d'at-

touchement au point L. De mefme la ligne K H fera divifée en la
mefme proportion aux poins K, T, S, H, à fçavoir aux poins K & S
par les deux autres touchantes D L, N K, au point T par la ligne N L
qui joint leurs attouchemens, & en fon propre point d'attouchement
H. K N auffi fera divifée de mefme aux poins K, V, R, N, à fçavoir
aux poins R & K par les deux autres touchantes au point V par la ligne
H L qui joint leurs attouchemens & au point N par fon propre point
d'attouchement pourveu qu'il n'y en ait point de paralelles entr'elles.

Si l'on mene des plans par le fommet A & par les lignes K N, K H,
D S, D H, N T, H V ces plans rencontreront le plan de la bafe aux
lignes *k n, k h, d s* qui toucheront le cercle aux poins *n, h, l* formez par
les poins N, H, L, qui font fur les Sections ; & *d h, n t, h u,* qui joindront ces attouchemens.

Par le 17ᵉ Lemme ces lignes touchantes fur la bafe s'entrecoupperont toutes avec celles qui joignent les attouchemens en trois parties
harmoniquement pourveu qu'elles s'entrecouppent toutes, & fi quelqu'une de ces touchantes eft paralelle à une autre, ou à une de celles
qui joignent les attouchemens elle fera couppée par les autres en deux
parties égales par le mefme 17ᵉ Lemme. C'eft pourquoy fi l'on mene
des lignes par le fommet A & par tous les poins de divifion des lignes
qui font fur la bafe, ces lignes coupperont le plan couppant en tous
les poins de divifion des lignes qui y ont efté tirées & qui ont formé
les poins de divifion fur les lignes de la bafe, & par le 4, 5 & 6ᵉ Lem.
la propofition fera évidente.

Mais fi fur le plan couppant deux touchantes K N, K H font paralelles entr'elles pour lors la ligne commune rencontre des plans qui
pafferont par le fommet A & par ces paralelles fera paralelle à ces
touchantes par le 18ᵉ Lem. & fi ces touchantes paralelles forment fur
la bafe les touchantes *k n, k h* paralelles entr'elles, ces touchantes
k n, k h paralelles feront couppées en deux parties égales par le 17ᵉ
Lem. par les autres lignes, mais fi l'on mene des lignes par le fommet
A & par ces 3 poins de divifion ces trois lignes coupperont auffi en
deux parties égales les touchantes fur le plan couppant puifqu'elles
font paralelles aux touchantes de la bafe couppées en deux parties
égales par les 3 mefmes lignes.

Mais fi les touchantes paralelles fur le plan couppant donnent les
touchantes *k n, k h* fur la bafe qui concourrent en un point *k* chacune
de ces touchantes fera couppée par les autres lignes en 3 parties har-
                                    moniquement,

moniquement, & fi l'on mene des lignes par le fommet **A** & par les
poins de divifion de ces touchantes elles coupperont la touchante
N V ou **H T** en deux parties égales aux poins **R** & **S** par le 3e Lem.
car ces touchantes **N V** ou **H T** ont efté démontrées paralelles en ce
cas à la ligne **A** *k* l'une de celles qui ont efté menées du fommet **A**
aux poins de divifion des touchantes fur la bafe.

Maintenant fi fur le plan couppant la touchante **R S** eft paralelle à
N H qui joint les attouchemens des deux autres touchantes. Les plans
qui pafferont par le fommet **A**, & par ces deux paralelles **R S** & **N H**
auront pour commune rencontre la ligne **A D** paralelle à ces deux
lignes **R S**, **N H** par le 18e Lem. Et fi ces 2 paralelles donnent fur
la bafe les 2 lignes *r ſ*, *n h* paralelles entr'elles, cette touchantes *r ſ*
eftant couppée en deux également par fon point d'attouchement *l* : la
ligne **A** *l* couppera auffi en deux également en **L** la ligne **R S** qui eft
paralelle à *r ſ*. Mais fi ces deux paralelles **R S** & **N H** donnent fur la
bafe les 2 lignes *r ſ*, *n h* qui concourent en un point *d* la ligne *d ſ* eft
couppée en trois parties harmoniquement aux poins *d*, *r*, *l*, *ſ* par le
17 Lemme, & les lignes qui paffent par le fommet **A** & par ces poins
de divifion couppent en 2 parties égales, la ligne **R S** au point **L** par
le 3, & 6e Lem. puifque cette ligne **R S** eft demontrée paralelle à **A** *d*,
l'une de celles qui paffent par le fommet **A**, & par un des poins de divifion de la ligne *d ſ*.

Je donnay l'année paffée les demonftrations de ces touchantes felon
la methode des anciens avec plufieurs autres particularitez fur la pratique.

II. Proposition.

UNE ligne droite **B A** eftant donnée fur un plan, & terminée aux
poins **B** & **A** avec une autre ligne **G A** qui la rencôtre à l'extremité **A**, & qui faffe un angle avec elle ; décrire les deux Sect. que l'on
appelle Elipfe & hyperbole ; enforte que la ligne droite terminée **B A**
en foit le diametre, & l'autre **G A** foit la touchante à l'extremité de ce
diametre. Et fi la ligne **B A** eft terminée feulement en l'une de fes extremitez **A** où elle eft rencontrée par l'autre **G A** ; d'écrire la Section
appellée parabole dont la ligne **B A** fera diametre & l'autre **G A**
touchante à l'extremité de ce diametre : lefquelles Sections pafferont
par le point **C** donné fur ce mefme plan. Enforte qu'il foit dans la parabole & dans l'Elipfe entre la touchante & le diametre, & dans l'hy-

Fig.
52.
53.
54.

F

perbole entre la mesme touchante & la partie du diametre prolongée au delà de A.

    Par le point C soit tiré la ligne C D qui rencontre au point D le dia-
metre B A prolongé pour l'Elip. & pour la Parab. qu'il soit fait comme
D B à D A ainsi E B , E A & cette ligne sera couppée en 3 parties harmoniquement aux poins B, D, A, E pour l'Elipse & pour l'hyperbole :
mais pour la parabole, soit fait D A, & E A égales. Par le point E soit
mené la ligne E F paralelle à la touchante A G, mais il faut qu'elle ne
passe pas par le point C puis dans l'Elipse & dans l'hyperbole par le
point C & par B l'une des extremitez du diametre soit mené la ligne
B C ; & dans la parabole soit mené la ligne C A du point C à l'extremité A du diametre, ou bien C G paralelle au diametre B A, cette ligne
rencontrera la ligne E F au point F. Et du point F ayant tiré la ligne
F A au point A elle couppera D C en I : Je dis que ce point I est un
des poins de la Section.

    Si la Section qui passe par le point C ne passe pas par le point I elle
couppera donc la ligne C D en quelqu'autre point, & soit le point
P, car elle ne la sçauroit toucher, le point C n'étant pas sur E F par le
4. 5. & 6ᵉ Lemme, la ligne C D sera couppée aux poins C, H, I, D en 3
parties harmoniquement par les lignes qui passent par le point F & par
les poins de division de la ligne B A, & par la premiere proposition la
ligne E F estant une ordonnée au diametre B A elle joindra les attouchemens à la Section des lignes menées du point D, & la ligne D C
qui rencontre la Section aux poins P & C sera couppée en trois parties harmoniquement aux poins C, P par la Section au point H ou
celle qui joint les attouchemens des lignes menées du point D, rencontre cette ligne D C, & au point D d'où partent les lignes touchantes :
mais cette ligne D P H C a esté aussi couppée aux poins D, I, H, C
harmoniquement : D C sera donc à C H comme P D à P H ou comme I D à I H ce qui est impossible ; donc la Section passera au point I.

    On trouvera de mesme façon une infinité de poins des Sections en
se servant du point I & des autres trouvez comme on s'est servy du
point C.

III. Proposition.

Fig.
55.
56.
SOIT une hyperbole ou les Sections opposées C D & leurs Asymptotes A B, A E ; si du point C pris sur cette hyperbole ou sur l'une
des Sections opposées, on tire deux lignes C G, C H dont l'une ren-

contre une des Afymptotes en G , & l'autre rencontre l'autre en H ;
& fi de quelqu'autre point D pris fur la mefme hyperbole ou fur l'autre Section oppofée on tire deux lignes D F, D I parale ?es aux precedentes,& qui fe terminent aux mefmes Afymptotes : ectangle fous
les deux lignes C G, C H menées d'un mefme point ra égal au rectangle fous les deux autres D F, D I menées de l'autre point D.

Ayant tiré la ligne B E qui paffe par les poins C & D , & qui rencontre les Afymptotes en B & en E, par la premiere propofition les
parties B C & D E feront égales , & B D & C E auffi égales. C'eft
pourquoy B C fera à B D comme E D à E C : Mais au triangle B D F
la ligne C G eft paralele à D F ; donc C G fera à D F comme B C
à B D. Auffi au triangle E C H, D I eft paralelle à C H : donc comme
D I à C H, ainfi E D à E C, & par confequent C G fera à D F comme D I à C H & le rectangle fous les extrémes C G, C H fera égal au
rectangle fous les moyennes D F, D I , ce qui eftoit propofé.

IV. PROPOSITION.

SI deux lignes droites E F, G D touchant une hyperbole aux poins Fig.
C & B, rencontrent les Afymptotes en E & en F : en G & en D : 80.
elles coupperont des Afymptotes vers le centre A des parties E A ,
F A : & G A, D A qui comprendront des rectangles égaux.

Par la 1re. Prop. les lignes E F, G D font couppées en 2 également
aux poins d'attouchement C & B , & de ces poins B & C ayant mené
jufques aux Afymptotes les lignes B I, B H : C M, C L paralelles aux
Afymptotes par la 3 prop. le rectangle fous B I, B H eft égal au rectangle fous C M, C L : Mais à caufe des paralelles B I, B H aux Afymptotes A H, A I ; A H & A I feront égales à B I, B H, Mais A H , &
A I font moitiez de D A, G A à caufe que G D eft couppé en 2 également en B : donc le rectangle fous D A, G A fera quadruple du rectangle fous B I, B H. Par la mefme raifon le rectangle fous E A, F A
fera quadruple du rectangle fous C L, C M : les 2 rectangles donc
fous G A, D A, & fous E A, F A feront égaux eftant quadruples des
rectangles égaux fous B I, B H & fous C M, C L , ce qu'il falloit démontrer.

Corrolaire.

Il s'enfuit que fi l'on tire les lignes E D, G F elles feront paralelles.

V. PROPOSITION.

Fig.
81. SOIT une hyperbole F C G dont les Afymptotes foient A E, A H.
Si l'on mene une ligne droite E H qui couppant l'hyperbole aux
poins F & G rencontre les Afymptotes en E & en H ; & fi l'on mene
une autre ligne B D paralelle à E H & qui touchant l'hyperbole au
point C rencontre les Afymptotes en B & en D : Je dis que le rectangle fous E F, F H, ou E G qui luy eft égal, fera égal au quarré de B C
ou au rectangle fous B C, C D qui eft la mefme chofe.

Par la 1ʳᵉ. Prop. B D touchante eft couppée en 2 également en C
par le point d'attouchement & E G & F H font égales puifque E F &
G H le font auffi : Mais par la 3ᵉ prop. puifque du point F on a mené
les 2 lignes F E, F H aux deux Afymptotes A E, A H ; & du point C
les deux autres C B, C D paralelles aux precedentes F E, F H : le rectangle fous F E, F H fera égal au rectangle fous B C, C D qui eft le
quarré de B C, ce qu'il falloit démontrer.

Et fi l'on veut mener une ligne par les poins F & C qui rencontre
les Afymptotes on pourra y faire la démonftration de la 3ᵉ prop.

VI. PROPOSITION.

Fig.
82. SOIT une hyperbole F C & fes Afymptotes A I, A H ; du centre
A foit mené la ligne A C qui rencontre l'hyperbole en C, & foit
mené quelqu'autre ligne L F paralelle à A C qui rencontre l'hyperbole
en F & un des Afymptotes en I, & l'autre en L prolongé au delà du
centre A : Je dis que le rectangle fous F I, F L eft égal au quarré de
A C.

Par la 3ᵉ prop. fi du point F on mene les deux lignes F I, F L qui
font conjointes & qui rencontrent les Afymptotes en I & en L ; & du
point C fi l'on mene les deux autres C A, C A qui rencontrent les
Afymptotes au point A & qui ne font qu'une mefme ligne : le rectangle fous F I, F L fera égal au quarré de C A qui eft égal au rectangle
fous C A, C A, ce qu'il falloit démontrer.

Et fi l'on y veut joindre la démonftration de la 3ᵉ prop. Il n'y aura
qu'à tirer une ligne qui paffant par les poins F & C rencontre les
Afymptotes comme en la precedente.

VII. PROPOSITION.

Fig.
83. SOIT une hyperbole F D H, & fes Afymptotes A E, A I ; fi l'on

mene la ligne E H qui rencontre l'hyperbole en 2 poins F & H, & l'A-symptote A E au point E; fi l'on mene auffi la ligne touchante C D parallele à E H & fon diametre B A D G : Je dis que le quarré de F G eft au rectangle fous B G, G D : comme le quarré de C D touchante à l'extremité du diametre B D, au quarré de A D moitié du mefme dia-metre.

Le rectangle fous E H, E F avec le quarré de F G eft égal au quarré de E G. Et le rectangle fous B G, G D avec le quarré de A D eft égal au quarré de A G : Mais comme le quarré de E G au quarré de A G : ainfi le quarré de C D au quarré de A D, à caufe des triangles fem-blables A E G, A C D : fi l'on ofte donc du quarré de E G le quarré de C D ou fon égal le rectangle fous E H, E F par la 5e prop. il reftera le quarré de F G ; & fi du quarré de A G on ofte le quarré de A D il reftera le rectangle fous B G, G D : puifque donc les quarrez oftez font entr'eux comme les quarrez entiers, les reftes qui font le quarré de F G, & le rectangle fous B G, G D feront entr'eux comme les quarrez entiers de E G & de A G ou de C D & de A D, ce qu'il falloit démontrer.

Corrolaire 1.

Il s'enfuit que les quarrez de toutes les ordonnées comme F G au diametre B D G feront tous entr'eux comme les rectangles fous les parties du mefme diametre, comprifes entre la rencontre des ordon-nées comme G & les extremitez du diametre comme fous les parties G D, G B puifqu'il vient d'eftre demontré que chaque quarré eft à fon rectangle comme le quarré de C D au quarré de D A. J'ay demontré cecy autrement dans la 13e prop. conjointement avec l'Elipfe.

Corrolaire 2.

Une hyperbole eftant donnée en trouver les Afymptotes. Ayant me-né un diametre A G dont F G foit ordonnée & ayant mené C D para-lelle à l'ordonnée & à l'extremité D de ce diametre, & ayant fait que comme le rectangle fous B G, G D au quarré de G F ainfi le quarré de A D demy diametre au quarré de D C; fi par le point C & par le centre A de l'hyperbole on mene la ligne A C elle fera Afymptote fuivant ce qui a efté demontré cy-deffus.

VIII. PROPOSITION.

Fig.
83.

LEs mefmes chofes eftant pofées que dans la precedente : Je dis que fi du point H on mene la ligne H L paralelle au diametre B D, & qui rencontre les Afymprotes en I & en L ; le quarré de F H fera au quarré de I L comme le quarré de C D au quarré de D A.

Si par le centre A on mene la ligne A M paralelle à E H elle couppera en deux également en M la ligne L I par la 1ʳᵉ. prop. car elle fera diametre conjugué au diametre B D, & à caufe des paralelles E H, C D, A M ; & A G, L H, la ligne A M fera égale à G H & les triangles A C D, A L M feront femblables : donc le quarré de A M ou de fon égale G H fera au quarré de L M comme le quarré de C D au quarré de A D, ou leurs quadruples les quarrez de F H & de L I, ce qui eftoit propofé.

Corrolaire 1.

Il s'enfuit que le quarré de L M eft égal au rectangle fous B G, G D. Car il a efté demontré cy-deffus que le quarré de A M eft au quarré de L M comme le quarré de C D au quarré de A D : mais par la 7ᵉ prop. le quarré de F G ou de G H ou de A M qui font égales eft au rectangle fous B G, G D ; comme le quarré de C D au quarré de D A, donc le quarré de L M fera égal au rectangle fous B G, G D.

Corrolaire 2.

Il eft auffi évident que le rectangle fous E H, E F eft au quarré de F G comme le rectangle fous H L, H I au quarré de L M, puifque ces rectangles font égaux aux quarrez de C D & de A D par la 5 & 6ᵉ prop. & qu'il vient d'eftre demontré que le quarré de F G eft auffi au quarré de L M comme le quarré de C D au quarré de A D.

IX. PROPOSITION.

Fig.
57.
58.
59.

SI dans une parabole, une Elipfe, une hyperbole, ou les Sections oppofées, on mene deux diametres B D, H F qui ne foient pas les conjuguez, & fi des extremitez B, D, H, F de ces diametres on mene des touchantes E F N, M H L, I B N, M D G elles rencontreront les diametres à l'extremité defquels elles ne font pas touchantes, & feront des triangles egaux avec ces diametres & avec les autres touchantes : comme le triangle O D E eft egal au triangle O F G, auffi le triangle H M G eft égal au triangle E B N.

Pour la Parabole.

Par la premiere Propofition les Diametres C E , F G eftant paralelles, fi du point F on mene la touchante F E elle rencontrera le diametre
C E au point E , & l'ordonnée F C du mefme point F au mefme diametre C E le rencontrera en C , & D C & D E feront égales ; mais la
touchante D G au point D eftant paralelle à l'ordonnée C F & les
diametres D C & G F eftât auffi paralelles D C & G F feront égales,
donc D E & G F le feront auffi, & par confequent les triangles O D E ,
O G F qui font femblables eftant entre-deux paralelles, feront egaux.

Pour l'Elipfe , pour l'yperbole , ou les Sect. opp.

Puifque ces deux diametres B D, H F ne font pas conjuguez. Il eft
évident que les touchantes aux extremitez de l'un rencontreront l'autre, puifque les touchantes font paralelles aux ordonnées par la premiere propofition. Mais puifque du point F la ligne F E eft menée
touchante, & rencontre le diametre B D en E, & F C eftant ordonnée
au mefme diametre B D & venant du mefme point F , ce diametre
B D fera couppé aux poins B, C, D, E en 3 parties harmoniquement
par la premiere propofition, mais D G & B I qui touchent la Section
aux extremitez du diametre B D font paralelles à l'ordonnée C F ; donc
les triangles A B I , A C F , A D G font femblables , & A D & A B
eftant égales , A I & A G le feront auffi , mais A H & A F le font de
pofition eftant demy diametres, donc I H & F G font égales, & par
confequent B C eft à C D comme I F ou fon égale H G à F G : mais
comme B C eft à C D ainfi B E à E D , la ligne B E eftant couppée en
3 parties harmoniquement aux poins B, E, D, C ; donc H G eft à G F
comme B E à E D , & divifant H F à F G comme B D à D E , & les
lignes B D & H F eftant couppées en deux également au point A
A D fera à A F comme A E à A G , & les deux lignes E G, D F feront
paralelles , & les deux triangles D F E , D F G feront égaux eftant
conftruits entre ces paralelles & fur une mefme bafe D F , defquels fi
l'on ofte le triangle commun D F O les triangles reftans O D E ,
O F G feront égaux. De plus les lignes M G , N I eftant paralelles, &
N F, M H l'eftant auffi l'angle F N I fera égal à l'angle H M G , mais
la ligne G F H I couppant les paralelles G M , N I & N F, M H
l'angle N F I fera égale à l'angle M H G & l'angle N I F fera égal à
l'angle M G H : donc les deux triangles F N I & H M G feront fem-

blables, mais les coftez F I & H G homologues font égaux, donc les deux triangles F N I, H M G font femblables & égaux, & les deux triangles A E F, A D G avec leurs oppofez femblables eftant égaux en ajoûtant dans l'Elipfe aux triangles égaux D F E, D F G le commun A D F & dans les Sections oppofées aux égaux D O E, F O G ajoûtant les communs A E G, E O G; Il s'enfuivra dans l'Elipfe que fi du triangle F N I on ofte le triangle A I B & qu'on luy ajoûte fon égal A E F, & au contraire dans les Sections oppofées le triangle E N B fera égal au triangle F N I ou à fon égal G M H, ce qui eftoit propofé.

X. PROPOSITION.

Fig.
60.
61.

SI une ligne droite E A touchant une Elipfe on une hyperbole au point E rencontre un des diametres B D prolongé s'il le faut au point A, & du point touchant E ayant mené une ordonnée E C à ce mefme diametre : Je dis que le quarré du demy diametre G B eft égal au rectangle fous les deux lignes G A, G C, dont l'une eft comprife entre le centre de la Section G & le point A de rencontre de la touchante, & l'autre eft comprife entre le mefme centre de la Section G & le point de rencontre C de l'ordonnée.

Par la premiere propofition la ligne A D eft couppée en 3 parties harmoniquement aux poins A, B, C, D, & ayant fait D F égale à A B A D fera à A B comme C D à C B & en compofant dans l'Elipfe & divifant dans l'hyperbole F A fera à A B comme D B à C B, auffi G A moitié de F A fera à A B comme G B moitié de D B à C B & par converfion de raifon G A fera à G B comme G B à G C; G B fera donc moyenne proportionelle entre G A & G C, & par confequent le caré de G B fera égal au rectangle fous G A, G C, ce qu'il falloit prouver.

XI. PROPOSITION.

Fig.
62.

DANS une parabole D B le quarré d'une ordonnée D C à un diametre B C eft au quarré d'vne autre ordonnée P S à ce mefme diametre : comme la ligne B C comprife entre l'extremité du diametre B & l'ordonnée D C. à la ligne B S comprife entre la mefme extremité B & la rencontre S de l'ordonnée P S.

Ayant mené les trois touchantes B I, R P Y, A D aux poins B, P, D la touchante B I fera paralelle aux ordonnées D C, P S par la premiere propofition,

propofition, & par le point P ayant tiré le diametre O P F qui fera parallele à B C ; R B & B S ou O P fon égale feront égales , l'une eftant faite par la touchante & l'autre par l'ordonnée du mefme point P, & par confequent R N & N P feront égales, de mefme P H & H Y feront auffi égales, & par les poins N & H ayant tiré les lignes M E , H G paralelles à B C , & à caufe de Y H & H P égales, & de P N , & N R égales, & des paralelles à B C ; D G, G F feront égales, D H, H L le feront auffi, F E, E C le feront pareillement, & L M , M A.

Maintenant G E fera moitié de D C eftant compofée de la moitié de D F & de la moitié de F C, auffi H M fera moitié de D A, c'eft-à-dire égale à D I. Donc comme D C à F C ou P S fon égale ainfi G E à F E ou H M à M L ou D I à I H puifque D H & H L font égales & D I & H M font auffi égales : Mais comme D I à H I ainfi F O à O Q, H Q eftant parallele à D C, donc D C à P S comme F O à O Q, auffi H N à N P comme Q O à O P, mais H N à N P, comme G E à E F : donc F O à O Q comme O Q à O P, mais F O eft à O Q comme D C à P S ; F O fera donc à O P en la raifon doublée de D C à P S, c'eft-à-dire du quarré de D C au quarré de P S ; mais F O & O P font égales à C B & B S le quarré de D C fera donc au quarré de P S comme la ligne B C à la ligne B S, ce qui eftoit propofé.

XII. PROPOSITION.

COUPPER une fuperficie Conique A B L F en forte que la Sećtion fur le plan couppant E D I G foit une hyperbole dont le diametre E D foit égal à une ligne droite donnée ; & démontrer que les quarrez des ordonnées G I , M L à ce mefme diametre font entr'eux comme les rećtangles fous les lignes E G , D G : & E M, D M comprifes entre les extremitez du diametre E & D & la rencontre des ordonnées.

Ayant couppé les fuperficies oppofées par un plan qui paffe par le fommet A & par le centre du cercle qui en eft la bafe. Il en refultera les 2 angles H A F, N A E oppofez au fommet A. Et ayant porté fur l'angle E A D la ligne D E qui doit eftre le diametre de l'hyperbole, en forte qu'elle foit la bafe du triangle dont A eft le fommet , & cette ligne E D eftant prolongée jufques à la bafe la rencontrera en G fur le diametre du cercle H F Sećtion du plan de la bafe, & du plan par le

G

Fig. 63.

fommet A & par le centre du cercle. Soit élevé G I perpendiculair
ment à H F & par les deux lignes E G, G I foit mené un plan leq
couppant la fuperficie Conique, il en refultera une hyperbole D I
ce qui eſt évident puiſque ſi l'on mene un plan par le fommet A
paralelle au plan couppant E I G ce plan rencontrera le cercle & p
fera au dedans de la fuperficie Conique.

De plus ſi l'on mene un plan B L C paralelle au plan de la bafe H
& qui couppe la ligne D G en M la Section B L C fera un cerc
dont B C fera diametre & paralelle au diametre H F eſtant la Sect
d'un mefme plan A H F avec deux plans paralelles. Auſſi M L r
contre du plan B L C avec le plan de l'hyperbole fera paralelle à G
& par conféquent perpendiculaire à B C qui eſt le diametre du cer
B L C comme H F d'eſt du cercle H I F. Les lignes donc I G & L
eſtant prolongées juſqu'à l'autre partie de la circonference de le
cercles les rencontreront où l'hyperbole les rencontre eſtāt commu
Sections des plans des cercles & du plan de l'hyperbole elles fer
donc couppées en deux également par les diametres B C, H F
poins G & M & par la ligne E G auſſi aux mefmes poins, cette li
E G eſtant fur le mefme plan que les lignes H F & B C : G I & L
feront donc des ordonnées au diametre E G.

Maintenant, puiſque le quarré de I G eſt égal au rectangle ſ
H G, G F & que le quarré de L M eſt égal au rectangle fous B
M C; le rectangle fous H G, G F fera au rectangle fous B M, M
comme le quarré de I G au quarré de L M. Mais le rectangle ſ
H G, G F eſt au rectangle fous B M, M C en la raifon compofée
H G à B M & de G F à M C. Mais comme H G eſt à B M ainſi
eſt à E M, car ils font coſtez homologues des triangles femblal
E G H, E M B à caufe de M B paralelle à G H. Et pour la mef
raifon G F fera à M C comme D G à D M : donc le rectangle ſ
H G, G F fera au rectangle fous B M, M C, ou bien le quarré de
fera au quarré de L M qui eſt la mefme chofe, en la raifon compo
de E G à E M & de D G à D M : Mais auſſi le rectangle fous E
D G eſt au rectangle fous E M, D M en la mefme raifon compofée
E G à E M & de D G à D M : donc le quarré de I G fera au qua
de L M comme le rectangle fous E G, D G fera au rectangle ſ
E M, D M; & ainſi des autres ordonnées, ce qu'il falloit dém
trer.

XIII. PROPOSITION.

I L faut démontrer que dans l'Elipse & dans l'hyperbole, les quarrez *Fig.*
des ordonnées M P, E O à un diametre sont entr'eux : comme les 64.
rectangles sous N P, P B & sous N O, O B ; qui sont comprises en- 65.
tre les extremitez du diametre N, B & la rencontre des ordonnés,
O & P.

Sur le diametre N B soit appliqué le demy cercle N S B pour l'Elipse : & pour l'hyperbole, l'hyperbole B S Q ayant mesme diametre N
B & qui soit la Section d'une superficie Conique suivant la proposition precedente. Des poins P & O ayant mené les ordonnées P Q,
O D dans l'hyperbole N B Q au diametre N P & dans le demy cercle
N S B perpendiculaires au diametre N B qui sont ses ordonnées. Et
par les poins M & E on tirera la ligne M E A jusques à la rencontre
du diametre N B en A, pourveu que M E ne soit pas paralelle à N B,
ce qui pourroit estre dans l'Elipse.

Si du point A on tire une ligne au point Q elle rencontrera la circonference du cercle ou l'hyperbole B Q à l'extremité de la ligne ordonnée O D au point D. Car si l'on fait que comme A N est à A B
ainsi soit F N à F B ; & par le point F ayant mené l'ordonnée F L, la
ligne A L menée du point A au point L touchera la Section en L par
la 1.re prop. de mesme si du point F on mene l'ordonnée F S, la ligne
A S menée du point A au point S touchera le cercle ou l'hyperbole
B Q en S par le convers. du 8 Lem. & par la 1re prop. Mais par le 9
Lemme & par la 1re prop. la ligne A Q sera couppée au point V par
la ligne F S aux poins Q & *d* par le cercle ou par l'hyperbole B Q & au
point A en 3 parties harmoniquement ; & si du point *d* de rencontre
de la ligne A Q on mene la paralelle *do* à Q P ou l'ordonnée, par le
7 Lemme la ligne A P sera couppée aux poins A, *o*, F, P en 3 parties
harmoniquement. Aussi la ligne M A par la 1re prop. sera couppée
aux poins M, I, E, A en cette mesme proportion, & puisque l'on a
mené les paralelles ordonnées M P, I F, E O : la ligne A P sera couppée aux poins A, O, F, P, en 3 parties harmoniquement par le 7.
Lem. donc A P sera à P F comme A O à O F, mais il vient d'estre
démontré aussi que comme A P à P F ainsi A *o*, à *o* F donc les 2 poins
o & O ne sont qu'un mesme, & par consequent les deux poins *d*, D
ne sont aussi qu'un mesme. Or dans le cercle & par la prop. precedente le quarré de P Q est au caré de D O comme le rectangle sous N P,

G ij

B P au rectangle fous N O, B O. Et à caufe des triangles femblables
A P Q. A O D, le quarré de A P fera au quarré de A O comme le
quarré de P Q au quarré de O D ; & à caufe des triangles femblables
A P M, A O E le quarré de P M fera au quarré de O E comme le
quarré de A P au quarré A O & en raifon égale le quarré de P Q fera
au quarré de O D comme le quarré de P M au quarré de O E, donc
auffi le quarré de P M fera au quarré de O E comme le rectangle fous
P N, P B au rectangle fous O N, O B, ce qu'il falloit démontrer.

Mais dans l'Elipfe fi la ligne M E eftoit paralelle à N B, les deux
lignes P M & O E feroient égales puifqu'elles font paralleles entr'elles, & par confequent leurs quarrez égaux. Mais cette ligne M E paralelle à N B feroit couppée en deux également au point H par le diametre G H conjugué au diametre N B par la 1ᵉ prop. & par confequent la ligne P O fon égale feroit auffi couppée en deux également
au point G qui eft le centre de la Section : mais les lignes G N, G B
font égales defquelles fi l'on ofte les égales G P, G O les lignes re-
ftantes P N, O B feront égales auffi bien que les compofées O N, P B,
c'eft pourquoy le rectangle fous N P, P B fera égal au rectangle fous
B O, O N. Il s'enfuivra donc que le quarré de P M fera au quarré
de O E fon égale en ce cas : comme le rectangle N P, P B au rectangle fon égal N O, O B, ce qu'il reftoit à démontrer.

XIV. PROPOSITION.

Fig.
66.
SI aux extremitez A & C d'un diametre A C d'une Elipfe A F C, on
mene des touchantes A H, C G : Je dis que toutes les lignes comme H G qui toucheront le Lipfe hors des poins A & C coupperont
de ces 2 lignes A H, C G des parties comme A H, C G qui contiendront toutes des rectangles égaux entr'eux. Soit la ligne H D qui touchant l'Elipfe au point F rencontre le diametre A C au point D. Ayant
mené du point F l'ordonnée F B au diametre A C cette ordonnée
fera paralele aux touchantes A H, C G par la 1ʳᵉ. prop. par le centre
L on fera paffer 'e diametre L O conjugué au diametre A C & par
confequent paralele à l'ordonnée F B. Il a efté démontré dans la 5
prop. que comme L D à L C ainfi L C à L B, & en compofant L D
& L C ou fon égale A L jointes enfemble feront à L D : comme L C
& L B jointes enfemble feront à L C ; donc A D à L D comme L C
& L B jointes enfemble à L C, & en changeant A D à L C & L B
jointes, ou à leur égale A B ; comme L D à L C & par converf. de

raiſon A D ſera à B D : comme L D à C D , & à cauſe des paralelles
A H, L O, B F, C G qui rencontrant toutes la ligne H D compoſent
des triangles ſemblables , A H ſera à B F comme L O à C G & le rectangle ſous les extrémes A H, C G ſera égal au rectangle ſous les
moyennes L O, B F.

Du point touchant F ayant mené l'ordonnée F M au diametre L N
conjugué à A C, l'ordonnée F M ſera paralelle à A C par la premiere
prop. & L M & B F eſtant auſſi paralelles L M & B F ſeront égales :
Mais par la 5 prop. puiſque la ligne O F eſt touchante , & qu'elle
rencontre le diametre L N au point O ; le rectangle ſous L O , L M
ou ſon égale B F ſera égal au quarré de L N : donc le quarré de L N
ſera égal au rectangle ſous A H, C G. On démontrera de meſme
façon que tous les autres rectangles compris ſous les parties des lignes
A H, C G faites par des touchantes ſeront tous égaux au quarré de
L N, & par conſequent ſeront tous égaux entr'eux. Mais ſi la touchante H G eſtoit paralelle à A C pour lors elle toucheroit l'Elipſe
au point N extremité du diametre L N conjugué à A C, & les 2 parties
A H , C G ſeroient égales entr'elles & à la ligne L N , & par conſequent leur rectangle qui ſeroit un quarré ſeroit auſſi égal au quarré de
L N , & pour cette raiſon égal aux autres rectangles , ce qu'il falloit
prouver.

XV. PROPOSITION.

SI aux extremitez A & C d'un diametre A C d'une hyperbole C E Fig.
ou des Sections oppoſ. on mene des touchantes A I, C G : Je dis que 66.
toutes les lignes comme E I qui toucheront l'hyperbole hors du point
C coupperont des deux lignes A I, C G des parties comme A I, C G
qui contiendront toutes des rectangles égaux entr'eux.

Soit la ligne E I qui touchant l'hyperbole C E au point E rencontre
le diametre A C au point B. Du point E ayant mené l'ordonnée E D
au diametre A C & du point B ayant tiré la ligne B F paralelle à E D
on joindra les poins A & E par la ligne A E qui rencontrera B F au
point F. Et l'on décrira l'Elipſe A F G ſur le diametre A C & qui paſſera par le point F, dont la ligne F B ſera ordonnée : Je dis premierement que le quarré d'une ordonnée de l'hyperbole comme *e d* ſera au
quarré de quelque ordonnée de l'Elipſe comme *b f*, comme le rectangle ſous A *d, d* C au rectangle ſous A *b*, *b* C : car le quarré de
B F eſt au quarré de D E comme le rectangle ſous A B, B C au rectan-

G iij

gle fous A D, D C puifque par la premiere prop. E B touchant l'hyperbole en E & rencontrant le diametre en B auquel E D eft ordonnée A B fera à A D comme B C à C D, & comme A B à A D ainfi B F à D E : mais le quarré de B F eft au quarré de D E en la raifon doublée de B F à D E ou de A B à A D & de B C à C D qui eft celle du rectangle A B, B C au rectangle A D, D C : le quarré de B F eft donc au quarré de D E comme le rectangle A B, B C au rectangle A D, D C, mais par la 13 prop. le quarré de E D eft au quarré de *e d* comme le rect. fous A D, D C au rect. fous A *d*, *d* C & en raifon égale le quarré de B F fera au quarré de *de* comme le rectangle A B, B C au rectangle A *d*, *d* C ; ou bien le quarré de *de* fera au quarré de B F comme le rectangle fous A *d*, *d* C au rect. fous A B, B C. Et comme le quarré de B F eft au quarré de *bf* par la mefme 13 prop. ainfi le rect. fous A B, B C fera au rect. fous A *b*, *b* C donc auffi en raifon égale le quarré de *de* fera au quarré de *bf* comme le rectangle fous A *d*, *d* C au rectangle fous A *b*, *b* C.

Maintenant fi l'on mene donc quelque ligne I E qui touche l'hyperbole au point E & qui rencontre le diametre A C au point B & du point B ayant tiré la ligne B F ordonnée dans l'Elipfe A F C au diametre commun A C elle fera paralelle à D E. Et le rectangle fous B A, B C eftant au rectangle fous D A, D C en la raifon compofée de B A à D A, & de B C à D C ; & B A eftant à D A comme B C à D C ; le rectangle fous B A, B C fera au rectangle fous D A, D C en la raifon doublée de D A à B A : Mais le rectangle fous B A, B C eftant au rectangle fous D A, D C comme le quarré de B F au quarré de D E & le quarré de B F eftant au quarré de D E en la raifon doublée de la ligne B F à D E : B F fera donc à D E comme A B à A D, ou comme C B à C D : la ligne E A menée du point touchant E à l'extremité A du diametre A C paffera donc au point F. Et fi l'on mene la ligne H F qui touche l'Elipfe au point F elle rencontrera le diametre A C au point D par la 1re. prop. puifque les poins D, C, B, A couppent la ligne A D en 3 parties harmoniquement. Mais à caufe des paralelles I H, B F, C G, D E ; E F fera à E A comme D B à D A ; & D B eft à D A comme B F à A H ; & E F eft à E A comme F B à A I ; donc A H & A I feront égales. Et puifque D E & B F font paralelles, & les lignes E B, D F s'entrecouppent au point G : E G fera à G B, ou bien D G fera à G F comme D E eft à B F : Mais il vient d'eftre démontré que comme D E à B F ainfi D C à B C : donc D G fera à G F

comme D C à C B , & par confequent la ligne menée du point G au
point C fera paralelle à B F & à l H : donc la ligne E l qui touche
l'hyperbole en E couppera des 2 lignes A I, C G menées des extremitez A & C du diametre & paralelles aux ordonrées les deux lignes
A I, C G égales aux deux lignes A H, C G couppées de ces mefmes
paralelles par la ligne H G qui touche l'Elipfe au point F, & ainfi de
toutes les autres lignes qui toucheront l hyperbole : Mais dans l'Elipfe
les rectangles de toutes les lignes comme A H, C G couppées des
paralelles touchantes A H, C G par la touchante H F G font tous
égaux entr'eux par la precedente propofition. Auffi toutes les lignes
qui toucheront l'hyperbole C E coupperont de tes deux mefmes lignes
paralelles aux extremitez du diametre des parties qui contiendront des
rectangles égaux entr'eux, ce qui eftoit propofé.

XVI. PROPOSITION.

TROUVER un diametre dans les trois Sections & le centre dans
l'Elipfe & dans l'hyperbole.

Ayant mené dans la Section deux paralelles qui la rencontrent en
deux poins : la ligne qui divifera en deux également ces deux paralelles
fera diametre de la Section, ce qui eft évident par la premiere prop.
car cette ligne divifera auffi en deux également toutes les autres lignes
paralelles à celles-cy.

Et fi l'on trouve deux diametres differens dans l'Elipfe & dans l'hyperbole ils s'entrecoupperont en un point qui fera le centre, ainfi qu'il
a efté démontré dans la premiere prop. mais dans la Parabole tous les
diametres font paralelles, & il n'y a point de centre.

Definitions.

L'Axe d'une Parabole eft le diametre dont fes ordonnées luy font
perpendiculaires.

Les Axes d'une Elipfe ou d'une hyperbole ou des Sections oppofées
font les diametres conjuguez qui s'entrecouppent à angles drois.

XVII. PROPOSITION.

TROUVER l'Axe d'une Parabole & de montrer qu'il n'y en a *Fig.*
qu'un. 67.

Dans la parabole F G E ayant trouvé le diametre A B par la 10
prop. fi l'on mene les lignes D C, F E perpendiculaires à A B elles

seront paralelles entr'elles, & la ligne G H qui les couppera en deu
également sera diametre de ces ordonnées paralelles : mais ce diametr
G H estant paralelle au diametre A B il sera aussi perpendiculaire à s
ordonnées, & par consequent il sera l'Axe.

Mais s'il estoit possible que quelqu'autre diametre A B fut aussi Ax
ses ordonnées luy seroient perpendiculaires, & elles le seroient aus
à l'autre Axe G H puisque ces Axes estant diametres sont paralelles
mais l'Axe G H couppe en deux également ses ordonnées qui doiven
estre semblablement couppées en deux également par l'Axe A B, c
qui est absurd : car les ordonnées D C, F E qui sont communes à ce
deux Axes seroient couppées en deux également en deux poins dif
ferens. Il n'y aura donc qu'un Axe dans cette Section.

XVIII. PROPOSITION.

Fig.
68.
69.

TRouver les Axes dans l'Elipse & dans l'hyperbole & dé
montrer qu'il n'y en a que deux qui sont conjuguez l'une à l'autre
Puisque tous les diametres dans ces Sections sont inégaux hormi
les correspondans, car s'ils estoient égaux les Sections seroient de
cercles estant la seule figure qui admet les diametres égaux ; le cercle
qui aura donc le centre commun avec le centre de ces Sections, & qu
aura pour diametre un des moyens B A C rencontrera les Sections a
point D hors des deux extrémitez du diametre B C, & ce point D sera
son passage des petits aux grans ou des grans aux petits : car ce cercle
couppe les plus grans diametres que le sien dans l'Elipse & hors l'hyperbole, & les plus petits hors de l'Elipse & dans l'hyperbole, & tous
les diametres tant grans que petits sont couppez par le demy cercle
B D C. Le point D sera donc commun au cercle & aux Sections. E
apres avoir mené la ligne B D, si on la couppe en deux également au
point H le diametre L H A M qui passe par ce point H sera un Axe &
son conjugué F G qui est paralelle à B D sera l'autre.

Les deux lignes A B, A D estant égales puisqu'elles sont diametres
du cercle, le triangle A B D sera Isocelle, & par consequent la ligne
A H qui couppe le costé B D en deux également au point H sera perpendiculaire à B D, mais cette ligne L H A M passant par le centre A
est diametre, & la ligne B D estant une ordonnée à ce mesme diametre,
le diametre G A F paralelle à cette ordonnée sera conjugué au diametre L M qui s'entrecouppent à angles droits, & qui seront les Axes
de ces Sections.

Mais

Mais maintenant s'il estoit possible qu'il y en eût encore d'autres comme A *l*, la touchante *l n* à son extremité luy seroit perpendiculaire & rencontreroit l'Axe L M au point *n*. De mesme la touchante L N à l'extremité de l'Axe L M luy estant perpendiculaire, & rencontrant l'autre Axe A *l* au point N, par ce qui a esté démontré dans la 9me prop. les deux triangles A L N, A *l n* seront égaux, mais ils sont semblables ayant l'angle A commun & les deux A L N, A *l n* drois, & par consequent les deux costez A L, A *l* homologues sont égaux. Mais du point *l* ayant mené la perpendiculaire *l* O ou l'ordonnée à l'Axe L M le quarré de A *l* pourra les deux quarez de A O & de *l* O, ce qui est impossible dans l'hyperbole : car A O sera toûjours plus grande que A L ou A *l* son égale. Et dans l'Elipse le rectangle de L O, O M avec le quarré de A O estant égal au quarré de A L ou de A *l* son égale, le rectangle sous L O, O M sera égal au quarré de O *l*, mais les quarrez des ordonnées paralleles à *l* O estant toutes aux rectangles sous les parties qu'elles couppent de l'Axe L M comme le quarré de *l* O au rectangle sous L O, O M par la 15e prop. tous les quarrez des ordonnées paralleles à *l* O seront égaux aux rectangles sous les parties qu'elles couppent de leur Axe, & par consequent l'Elipse L F M G seroit un cercle & non pas une Elipse contre la position. Il n'y aura donc point dans ces Sections d'autres Axes que L M avec leurs conjuguez F G.

XIX. PROPOSITION.

SI à l'extremité A de l'Axe d'une Parabole on mene une touchante A G : Je dis que si des poins G & H, ou les lignes comme E I, F L qui touchant la parabole rencontrent la touchante A G, on mene des lignes G B, H *b* perpendiculaires à ces mesmes touchantes, elles conviendront toutes en un mesme point B sur l'Axe.   *Fig. 70.*

Ayant mené les ordonnées L D, I C à l'axe des poins touchans L & I par la premiere prop. les parties A C, A E & A D, A F seront égales. Mais le quarré de D L est au quarré de C I comme la ligne A D à la ligne A C par la 11me prop. donc aussi le quarré de D L sera au quarré de C I : comme la ligne A F à la ligne A E ; Mais A H est moitié de D L puisque A F est moitié de F D ; de mesme A G est moitié de C I : donc le quarré de A H est au quarré de A G comme la ligne A F est à la ligne A E. Et à cause des triangles rectangles semblables F A H, F H *b*, H A *b* & E A G, E G B, G A B ; F A sera à A H

H

comme A H à A *b*, & E A fera à A G , comme A G à A B : le re
ctangle donc fous F A, A *b* fera égal au quarré de A H. Auſſi le re
ctangle fous E A, A B fera égal au quarré de A G. Mais le quarré d
A H eſt au quarré de A G : comme A F à A E le rectangle donc fous
F A, A *b* fera au rect. fous E A, A B comme la ligne F A à la ligne
E A, leurs hauteurs A B & A *b* feront donc égales, & par conſequen
les deux poins B, *b* ne font qu'un meſme point, ce qu'il falloit dé
montrer.

Le point B eſt appellé *foyer de la Parabole.*

XX. PROPOSITION.

Fig.
70.
LE s meſmes choſes eſtant. Si du point touchant L on mene le dia-
metre L P & la ligne L B au foyer B : Je dis que les deux angles C
L P & F L B faits par la touchante F L O avec les deux lignes L P
L B font égaux entr'eux.

Puiſque B H eſt perpendiculaire à F L , & qu'elle couppe en deux
également F L au point H , les coſtez H B, H L du triangle H B L
feront egaux aux coſtez H B, H F du triangle H B F & l'angle droi
B H L eſtant égal à l'angle droit B H F les deux triangles B H L, B H F
feront égaux & femblables, & par conſequent l'angle B L H fera
égal à l'angle B F H ; Mais L P diametre eſtant paralelle à F D diametre ou axe, l'angle P L O fera égal à l'angle D F H & D F H eſt
égal à B L H donc l'angle P L O eſt égal à l'angle B L H, ce qu'i
falloit démontrer.

XXI. PROPOSITION.

Fig.
70.
LE s meſmes choſes eſtant : Je dis que la ligne B L furpaſſe la ligne
A D compriſe entre l'extremité de l'axe & ſon ordonnée L D
de la grandeur de la ligne A B compriſe entre le foyer B & la meſme
extremité A de l'axe.

Puiſque B F & B L ont eſté démontrées égales dans la precedente
prop. & par la 1ʳᵉ. A D & A F eſtant auſſi égales, B F ou ſon égale B L
furpaſſe A D ou ſon égale A F de la grandeur de la ligne A B, ce qu'il
falloit prouver.

XXII. PROPOSITION.

Fig.
71.
72.
SI aux extremitez A & C du grand axe A C d'une Elipſe, & de l'axe
terminé d'une hyperbole, ou des Sections oppoſées on mene deux

lignes A C, C H perpendiculaires à l'axe : Je dis que, fi des poins P &
T, où les lignes comme L H, F G qui rouchant l'Elipfe ou l'hyperbole rencontre l'autre axe R V, pour centre, & intervalle T L ou T H
fon égale, P F ou P G fon égale, on décrit des cercles, ils fe rencontreront tous fur l'axe A C aux deux mefmes poins B & D.

Du centre T & intervalle T L foit le cercle X L B D Y H qui rencontre l'axe A C en B & en D. Et du centre P & intervalle P F foit le
cercle F S *b d* G Q qui rencontre l'axe A C aux poins *b* & *d*. Il eft évident que A B & A *b* feront égales à C D & à C *d* à caufe que la ligne
P R eft perpendiculaire à A C laquelle porte les centres des cercles,
& qu'elle la couppe en deux également au point R. Et pareillement
A L, C Y & A X, C H feront égales, & A S, C G, & A F, C Q auffi
égales.

Maintenant le rectangle fous A F, A S ou fon égale C G eft égal au
rectangle fous A *b*, A *d* ou fon égale *b* C ; & le rectangle fous A L,
A X ou fon égale C H eft égal au rect. fous A B, A D ou fon égale
B C, & par la 14 & 15ᵐᵉ prop. le rect. fous A F, C G eft égal au rectangle fous A L, C H ; donc le rectangle fous A *b*, *b* C fera égal au
rectangle fous A B. B C ; & puifque les deux poins B, *b* font fur la
ligne A C dans l'une des parties faites par le centre R, ils ne feront
qu'un mefme point B ; & pareillement les deux poins D, *d* ne feront
auffi qu'un mefme, ce qu'il falloit prouver.

Et les deux poins B & D font appellez *foyers de l'Elipfe & de l'hy-*
perbole.

XXIII. Proposition.

LEs mefmes chofes eftant pofées : Je dis que fi des poins F & G on Fig.
mene des lignes aux foyers B & D les angles F B G, F D G qu'elles 71.
feront aux foyers feront droits.   72.

Ce qui eft évident puifque la ligne F G eft diametre d'un cercle,
dont B & D font poins de la circonference.

XXIV. Proposition.

LEs mefmes chofes eftant : Je dis que les triangles F A D, F B G, Fig.
D C G font femblables, & pareillement les trois autres G C B, 71.
G D F, B A F.   72.

Puifque les deux angles F D B, F G B font à la mefme portion du
cercle F B D G & font appuiez fur la mefme portion F B ils feront

H ij

égaux , & les deux angles F B G , F A D font drois : les deux triangles
F D A, F G B font femblables puifqu'ils ont les angles égaux. Et il a
efté démontré dans la 22ᵉ prop. que le rectangle fous A F, C G eft
égal au rectangle fous A D, C D : donc A F eft à D C comme A D
à C G, & les angles F A D, D C G compris par ces lignes font égaux
puifqu'ils font drois : donc les triangles F A D, D C G font femblables ; les trois triangles font donc femblables F A D, F B G, D C G,
& l'on démontrera de la mefme façon que les trois autres triangles
G C B, G D F, B A F font femblables , ce qu'il falloit prouver.

Lemme.

Fig.
71.
72.
Si d'un triangle F N G on couppe deux des coftez F N, G N en 2
également aux poins M & O & de ces poins pour centre & intervalle
M N, & O N ayant d'écrit les deux cercles F B N I, G D N I : Je dis
qu'ils s'entrecoupperont au point I fur l'autre cofté F G du triangle
F N G, prolongé s'il eft befoin. Et de plus que la ligne N I menée du
point N au point I où s'entrecouppent ces deux cercles, eft perpendiculaire au cofté F G.

Si du point N on mene la ligne N I au point I ou le cercle F B N
couppe la ligne F G l'angle F I N fera droit eftant au demy cercle
puifque F N eft diametre. On demontrera de mefme que la ligne N
i menée du point N au point i ou le cercle G D N couppe la ligne G F
fera un angle droit G i N : les 2 lignes N I, N i font donc toutes deux
perpendiculaires à la ligne F G & elles viennent d'un mefme point N
elles ne font donc qu'une mefme ligne, & les deux poins i, I ne font
qu'un mefme point. Et N I eft perpendiculaire à F G, ce qui eftoit
propofé.

XXV. Proposition.

Fig.
71.
72.
Les mefmes chofes eftant pofées : Je dis que fi du point N ou les
lignes F D, G B s'entrecouppent on mene une ligne N I au point
d'attouchement I de la ligne F G cette ligne N I fera perpendiculaire
à la touchante F G.

Ayant couppé en deux également les deux lignes N F, N G aux
poins M & O & de ces poins M & O pour centre & intervalle M N
& O N ayant d'écrit les deux cercles F B N I, G D N I : Je dis premierement qu'ils pafferont par les foyers B & D ce qui eft évident,
puifque les triangles F B N, G D N ont les angles F B N, G D N drois

les coſtez F N, G N qui ſoutiennent ces angles drois ſont les diametres de ces deux cercles. Et par le Lemme precedent les deux cercles
aſſeront auſſi par quelque point *i* de la ligne F G en ſorte que la ligne
N *i* ſera perpendiculaire à la ligne F G. Les deux triangles G N *i*,
B F ayant les angles *i* G N, B G F égaux, & les deux angles G *i* N,
B F drois, ſeront ſemblables : Mais le triangle G C D eſt ſemblable
u triangle G B F : donc les deux triangles G *i* N, G C D ſeront ſem-
lables. De meſme les deux triangles F *i* N, F A B ſont ſemblables, &
es deux triangles auſſi F B N, N G D ſeront ſemblables : car ils ont
es angles au point N égaux & les angles aux poins D & B drois : donc
G D ſera à G N, comme F B à F N : Mais comme G D eſt à G N,
inſi G C eſt à G *i* ; & comme F B eſt à F N ainſi F A à F *i* : donc F A
ſt à F *i* comme G C à G *i*. Mais par la prémiere prop. les 3 lignes
A F, G C, F G Z touchant toutes trois la Section ou les Sections op-
oſées aux poins A, C, I, & A C Z joignant les attouchemens la ligne
Z ſera couppée aux quatre poins F, *i*, G, Z en trois parties harmoniquement, & F A & G C eſtant paralelles F Z ſera à G Z comme F A
G C, & comme F Z à G Z ; ainſi F I à G I : donc F A à G C com-
ne F I à G I, & par conſequent F I ſera à G I comme F *i* à G *i* : les
eux poins donc I & *i* ne ſeront qu'un meſme point, & la ligne N I
nenée du point N au point d'attouchement I ſera perpendiculaire à
G.

Mais dans l'E'ipſe ſi la touchante F G eſtoit paralelle à l'axe A C,
our lors le point I la coupperoit en 2 également & le point N ſe
encontreioit ſur l'axe à cauſe que F A & G C ſeroient égales & le
eſte s'enſuivroit comme cy-devant.

XXVI. PROPOSITION.

LEs meſmes choſes eſtant poſées : Je dis que ſi des foyers B & D
on mene deux lignes droites B I, D I à quelque point I de la Section ; ces deux lignes feront deux angles B I F, D I G avec la touchan-
e au meſme point I, qui ſeront égaux.

Puiſque les deux angles F I B, F N B ſont en la meſme portion de
cercle I N & appuiez ſur la meſme portion B F, ils ſeront égaux, &
par la meſme raiſon les deux angles G I D, G N D ſeront auſſi égaux :
Mais G N D, F N B ſont égaux : donc G I D, F I B ſont égaux, ce
qu'il falloit prouver.

Fig.
71.
72.

H iij

XXVII. PROPOSITION.

Fig.
7 3.
7 4. SI de l'un des foyers D on mene une ligne D X perpendiculaire
une touchante G F : les lignes X A , X C menées du point X a
extremitez de l'axe A C feront un angle droit au point X.

Ayant couppé G D en deux également au point O & du centre
& intervalle O D ayant d'écrit le cercle D C G X. De mefme F
eftant couppée en deux également au point M, & du point M po
centre & intervalle M D ayant d'écrit le cercle F A D X ; Il fera év
dent que ces deux cercles s'entrecoupperont au point X fur la lig
F G par le Lemme precedent la 25ᵉ prop. à caufe du triangle F G I
Mais au triangle F A D l'angle F A D eftant droit & le cofté F D o
pofé à l'angle droit eftant diametre du cercle, ce cercle paffera par
point A. Par la mefme raifon le cercle G C D paffera par le point (
& les angles F X A, F D A eftant au mefme cercle F X D A & a
puiez fur mefme portion de la circonference F A feront égaux ,
par la mefme raifon les deux angles D G C, D X C font auffi égau
Mais par la 24ᵉ prop. les angles F D A, D G C font égaux ; les angl
F X A, D X C feront donc auffi égaux. Et fi de l'angle droit F X
depofition, on ôte l'angle F X A, & qu'on ajoûte au reftant l'ang
D X C pour l'Elipfe, mais au contraire pour l'hyperbole, l'angle
X C fera auffi droit, ce qui eftoit propofé.

Corrolaire.

Il eft manifefte que le cercle A X C qui a pour centre le point
centre de la Section & pour diametre l'axe A C paffera par le point X
puifqu'au triangle A X C l'angle A X C eft droit, & le cofté A C q
foûtient cét angle droit eft diametre du cercle.

XXVIII. PROPOSITION.

Fig.
75.
76. SI du point R centre de la Section on mene une ligne R X qui ren
contre une touchante F X, & qui foit paralelle à la ligne B I mené
de l'un des foyers B au point d'attouchement I : cette ligne B X fer
égale à la moitié de l'axe R A.

Les deux lignes B I, R X eftant paralelles , les angles F I B, F X R
feront égaux, & par la 26ᵉ prop. l'angle D I X eft égal à l'angle F I B
donc les angles I X V & V I X font égaux, & le triangle I V X e
Ifocelle : mais la ligne B D eft couppée en deux également au point R

qui eſt le centre, & R V eſt paralelle à B I, donc I D eſt couppée en
deux également au point V, & V I & V D ſont égales ; mais auſſi V I
& V X ſont égales à cauſe du triangle Iſocelle I V X, donc le triangle
X V D eſt auſſi Iſocelle, & par conſequent les angles V D X, V X D
ſont égaux, & V X I, V I X ſont auſſi égaux, de plus ils ſont tous
quatre égaux à deux droits, compoſans les trois angles du triangle
I X D, dont la moitié de ces deux droits qui ſont les deux angles V X I,
V X D feront un droit ; la ligne D X ſera donc perpendiculaire à la
touchante F X, & par le Corrolaire precedent la ligne R X ſera demy
diametre du cercle A X C, & par conſequent égale à la ligne R A
moitié de l'axe, ce qui eſtoit propoſé.

XXIX. PROPOSITION.

SI de quelque point I de l'Elipſe on mene deux lignes I B, I D aux *Fig.*
deux foyers : ces deux lignes jointes enſemble feront égales à l'axe 75.
A C.

Du centre R ayant mené les deux lignes R X, R T paralelles aux
deux lignes I B, I D par la precedente prop. les deux lignes R T, R X
ſont égales à l'axe A C. Et puiſque R T & R X ſont paralelles à I D
& I B, le quadrilatere I Q R V ſera peralellogramme & les lignes
I V, R Q feront égales, & I Q, R V le feront auſſi, & il a eſté démontré dans la precedente prop. que V X & V D ſont égales & pareillement Q T & Q B ſont égales : donc les compoſées, I Q Q B, I V
V D feront égales aux compoſées R Q Q T, R V V X, & par conſé-
quent les deux lignes I B, I D feront égales à l'axe A C, ce qu'il falloit
prouver.

XXX. PROPOSITION.

SI de quelque point I de l'hyperbole on mene deux lignes I B, I D *Fig.*
aux deux foyers : la plus grande I B ſurpaſſera la plus petite I D de 76.
la grandeur de l'axe A C.

Du centre R ayant mené les deux lignes R X, R T paralelles aux
deux lignes I B, I D ; par la 28e prop. les deux lignes R T, R X ſont
égales à l'axe A C. Et puiſque R T & R X ſont paralelles à I D &
à I B le quadrilatere I Q R V ſera peralellogramme, & les lignes I V,
R Q ſont égales, & I Q, R V le ſont auſſi. Et il a eſté démontré
dans la 28e prop. que les 3 lignes V I, V X, V D ſont égales, & Q T,
Q B, Q I ſont auſſi égales. Si l'on oſte des lignes I Q, Q B les lignes

I V , V D qui font égales à la ligne I D, & des lignes Q T, R V les
lignes Q R, V X égales à I V, V D il reſtera les deux lignes R T
R X qui ſont égales à l'axe A C & à l'exés de B I ſur I D : donc I B ſur
paſſe I D de la grandeur de l'axe A C, ce qu'il falloit prouver.

✿ ✿

Sections des ſuperficies Coniques qui ont pour baſes de Paraboles, des Elipſes, & des Hyperboles.

IL faut entendre que les ſuperficies Coniques qui ont pour baſes de
paraboles, des Elipſes, & des hyperboles, ſont conſtruites de la
meſme façon que celles qui ont pour baſes des cercles. Et puiſque
tout ce qui a eſté démontré a l'égard du cercle dans les Lemmes qui ont
précedé la premiere propoſition, y a eſté démontré à l'égard de la
Parabole, de l'Elipſe, & de l'Hyperbole, on viendra facilement par
ce meſme moyen à la démonſtration de toutes les Sections des ſuperficies qui les ont pour baſes.

D'abord on doit obſerver que ſi les plans qui paſſant par le ſommet,
& qui ſont paralelles aux plans couppans, rencontrent le plan de la
baſe, en ſorte que la ligne qui eſt la commune Section de ce plan
couppant & du plan de la baſe touche la Parabole, l'Elipſe, l'Hyperbole ou l'une des Sections oppoſées qui eſt la baſe : la Section faite
ſur le plan couppant ſera une parabole. Et ſi cette ligne commune
Section des deux plans du couppant & de la baſe couppe la Parabole,
l'Elipſe, l'Hyperbole ou l'une des Sections oppoſées qui eſt la baſe ,
la Section ſur le plan couppant ſera une hyperbole; & ſi elle ne les
rencontre point, la Section ſera une Elipſe ou un cercle. On doit
concevoir la Parabole & l'Hyperbole prolongées à l'infiny , & comme ces lignes n'emferment pas un eſpace ſur un plan, auſſi les ſuperficies Coniques qui les ont pour baſes ne comprennent pas un ſolide
avec la baſe, comme celles qui ont pour baſes des Elipſes ou des cercles, & c'eſt pour cette raiſon que les Sections de ces ſuperficies qui
devroient eſtre des Elipſes ou des cercles n'en ſont qu'une portion, ce
qui arrivera auſſi aux Paraboles & aux Hyperboles qui ſont Sections
de ces ſuperficies.

Pour la Section d'un plan paralelle au plan de la baſe. Il eſt aſſez
évident que ce ſera toûjours une figure ſemblable & ſemblablement
poſée

poſée à celle de la baſe par les raiſons qui ont eſté dites en parlant de cette Section ſur les ſuperficies Coniques qui ont pour baſes des cercles.

Il ſeroit trop long & trop ennuyeux de redire icy tout ce qui a eſté dit dans la premiere propoſition, puiſque ſans rien changer on pourra ſe ſervir des démonſtrations pour ces ſuperficies, en obſervant ce qui vient d'eſtre dit cy-devant.

Sections des ſuperficies Cylindriques qui ont pour baſes des cercles.

Definitions.

SI une ligne droite prolongée à l'infiny rencontre la circonference d'un cercle, & n'eſt pas ſur le plan du cercle, cette ligne en parcourrant toute la circonference du cercle, & eſtant toûjours paralelle à celle qui luy eſtoit paralelle avant ſon mouvement, décrira une ſuperficie qui ſera appellée *Cylindrique.*

Et le cercle en ſera la baſe.

Il n'y a perſonne pour peu qu'il ſoit verſé dans la Geometrie qui ne faſſe fort aiſément la démonſtration de la Section de cette ſuperficie lorſqu'elle eſt couppée par un plan paralelle à la baſe; puiſque tous les plans qui paſſeront par les lignes que l'on menera ſur la baſe & par les paralelles qui ont formé la ſuperficie Cylindrique feront tous avec le plan couppant des Sections qui ſeront des lignes égales & paralelles à celles qui ont eſté menées ſur la baſe. Et par conſequent cette Section ſera un cercle égal à celuy de la baſe.

Si un plan touche une ſuperficie Cylindrique, il ne la touchera qu'en une ligne droite.

Soit le plan touchant A *a b* B, & la ſuperficie Cylindrique ſoit couppée par un plan paralelle à la baſe, dont la Section ſera un cercle B E. Puiſque le plan A *a b* B touche la ſuperficie il ne pourra pas coupper le cercle qui eſt la Section faite ſur le plan paralelle à la baſe, il ne le rencontrera donc qu'en un point B auſſi bien que le cercle qui en eſt la baſe au point *b*, & par conſequent il ne rencontrera la ſuperficie qu'en la ligne droite *b* B menée par ces deux poins, & qui ſera une de celles qui l'ont formée. Car s'il eſtoit poſſible que cette ligne B *b* ne

Fig.
77.

I

fut pas une de celles qui ont formé la superficie, & que ce fut la ligne
b E le plan mené par la ligne *b* E & par *o* O qui passe par les centres
des cercles & qui est paralelle à *b* E, donneroit sur la base & sur le plan
qui luy est paralelle, les deux lignes *o b* & O E paralelles entr'elles:
Mais puisque le plan touchant *a* A B *b* couppe ces deux plans paralelles aux lignes *a b*, A B elles sont paralelles entr'elles & elles touchent les deux cercles aux poins *b* & B & les lignes *o b*, O B menées
des centres à ces touchantes aux poins touchans *b* & B seront perpendiculaires à ces touchantes, & par consequent paralelles entr'elles, &
puisque O B est paralelle à *o b* & O E est paralelle aussi à *o b*, O B &
O E seront paralelles, ce qui est absurd ; donc la ligne B *b* est une de
celles qui forme la superficie, & qui estant droite par sa position sera
commune avec le plan touchant.

Mais si cette superficie est couppée par une autre plan G H F qui
couppe aussi le plan touchant en la ligne G F, & que cette ligne G F
rencontre la ligne *b* B où le plan touchant touche la superficie, en G:
cette ligne G F touchera la Section H G faite sur le plan couppant au
point G, ce qui est évident, puisque la ligne F G est sur le plan touchant A *a b* B, & qu'elle rencontre seulement la superficie au point G
où elle couppe la ligne *b* B.

Fig.
78.   Si un plan I D B L couppant une superficie Cylindrique I D B *i d b*
couppe aussi les paralelles qui forment la superficie : la Section faite
sur le plan couppant sera la mesme que la seconde Section de la superficie Conique qui a pour base un cercle qui est une Elipse.

De quelque point *a* sur le plan de la base & hors du cercle ayant
mené les lignes *a b*, *a d*, *a h*, *a g*, *a i*, dont *a b*, *a d* touchent le cercle,
& les autres le couppent, desquelles *a g* passe par le centre *o*. Si par
ces lignes on mene des plans qui passent aussi par les paralelles qui
forment la superficie, tous ces plans auront pour commune Section la
ligne *a* A paralelle aux paralelles qui forment la superficie par le 18ᵉ
Lem. & ayant mené *b d* qui joint les attouchemens des touchantes *a b*,
a d, & par la ligne *b d* ayant aussi mené un plan qui passe par les paralelles qui forment la superficie ; tous ces plans coupperont le plan
couppant aux lignes A B, A D qui toucheront la Section aux poins B
& D : aux lignes A H, A G, A I qui la coupperont, & en la ligne B D
qui joindra les attouchemens.

Par le 9ᵉ Lem. les lignes *a h*, *a g*, *a i* sont couppées en trois parties
harmoniquement aux poins *h, p, e, a* : *g, q, f, a* : *i, n, m, a* & ainsi des

autres, par la circonference du cercle, par le point *a*, & par la ligne *b d* qui joint les attouchemens des touchantes menées du point *a*. Et puifque les plans menés par ces lignes forment par leurs Sections des lignes toutes paralelles entr'elles & à celles qui forment la fuperficie ; par le Scholie du 5e Lem. les lignes A H, A G, A I fur le plan couppant feront auffi couppées en trois parties harmoniquement aux poins H, P, E, A ; G, Q, F, A : I, M, M, A : & ainfi des autres, par la Section fur le plan couppant par la ligne B D qui joint les attouchemens des touchantes menées du point A & par le point A.

Et puifque la ligne *a g* paffe par le centre du cercle *o* elle couppera au point *q* en deux également la ligne *b d* qui joint les attouchemens, par ce qui a efté dit au 8e Lemme, & elle couppera auffi en deux également toutes les autres paralelles à *b d* comme *h i, e m*, en *r* & en *f* menées dans le cercle, puifque *a g* eft diametre du cercle & qu'elle les couppe à angles drois. Mais auffi puifque les lignes *e m, b d, h i* font paralelles entr'elles, les plans qui pafferont par ces lignes & par celles qui forment la fuperficie feront paralelles entr'eux, & les lignes H I, B D, E M qui font les Sections de ces plans paralelles, & du plan couppant font auffi paralelles entr'elles : Mais les Sections du plan A *a g* G, & de ces plans font auffi des lignes paralelles entr'elles & à celles qui forment la fuperficie : donc fur le plan H *h i* I la ligne *r* R eftant paralelle à *h* H & couppant en deux également la ligne *h i* elle couppera auffi en deux également la ligne H I au point R ; de mefme B D & E M feront couppées en deux également aux poins Q & S, & les poins de divifion R, Q, S de ces paralelles font dans la ligne G A formée par la ligne *g a*, & la ligne G F qui eft partie de G A comprife dans la Section fera diametre dans la Section de toutes les paralelles à B D qui font ordonnées à ce diametre. Il eft auffi évident qu'elle paffe par le point O formé par le point *o* centre du cercle qui eft la bafe. On démontrera de mefme façon que tous les diametres dans cette Section pafferont par le point O qui fera le centre de la Section, & qui eft la commune Section de la ligne *o* O qui paffe par le centre du cercle & qui eft paralelle à celles qui forment la fuperficie, avec le plan couppant.

Et fi cette Section G I M F n'eftoit pas la Section d'une fuperficie Conique. Sur le diametre G F & par le point I foit décrit la Section G I T F d'une fuperficie Conique, dont I R foit une des ordonnées. Du point I commun aux deux Sections ayant mené la ligne I A qui

Fig.
79.

I ij

rencontre le diametre G F au point A & qui couppe les deux Sections,
l'une au point T, l'autre au point M; si l'on fait que comme A G est à
A F, ainsi soit Q G à Q F, & ayant mené Q N paralelle à l'ordonnée
R I par la premiere prop. des superficies Coniq. la ligne A I sera couppée aux poins A, T, N, I en 3 parties harmoniquement, & par ce qui
vient d'estre démontré cy-devant la mesme ligne A I est aussi couppée
aux poins A, M, N, I en la mesme proportion, donc I A sera à I N
comme T A à T N ou comme M A à M N, ce qui est absurd : donc
la Section G I M F est Section d'une superficie Coniq. appellé *Elipse*,
& qui peut estre aussi un cercle lorsque les diametres conjuguez sont
égaux & à angles drois.

❋❋❋❋❋❋❋❋❋❋❋❋❋❋❋❋❋❋❋❋❋❋❋❋❋❋❋❋❋❋❋❋❋

Sections des superficies Cylindriques qui ont pour bases des Paraboles, des Elipses & des Hyperboles.

SI l'on fait une superficie Cylindrique qui ait pour base une Parabole, une Elipse, ou une Hyperbole, de la mesme maniere que l'on
a fait celle qui a pour base un cercle. Et si cette superficie est couppée
par un plan qui couppe les paralelles qui forment la superficie, la Section faite sur le plan couppant sera une ligne de la mesme espece que
celle qui luy sert de base, c'est-à-dire, que si la base de la superficie
est une Parabole, la Section sur le plan couppant sera aussi une Parabole, si c'est une Elipse, la Section sur le plan couppant sera une Elipse, ou un cercle qui est une ligne de mesme espece que l'Elipse; & si
c'est une Hyperbole, la Section sera une Hyperbole.

Il est si facile de faire la démonstration de ces Sections en suivant la
methode qui a esté tenuë pour celles qui ont pour bases des cercles,
qu'il seroit inutile de le repeter icy. On trouvera donc de mesme
qu'en la precedente que le centre de l'Elipse ou de l'Hyperbole qui
font les bases des superficies donneront sur le plan couppant le centre
de l'Elipse & du cercle, ou de l'Hyperbole qui sera la Section. On
trouvera pareillement que les diametres donneront des diametres ; les
ordonnées, des ordonnées ; les touchantes, des touchantes, & ainsi
du reste.

CONCLVSION.

IL ne me refte plus rien qu'à expliquer la maniere de pouvoir trouver les Parametres des Sections, fuivant ce que j'ay démontré dans mes Propofitions, & au mefme temps pourquoy les noms de Parabole, d'Elipfe & d'Hyperbole leur ont efté donnez.

Dans la Parabole, fi l'on fait un rectangle égal au quarré d'une ordonnée à quelque diametre, qui ait pour un de fes coftez la partie de ce diametre comprife entre fon extremité & l'ordonnée, l'autre cofté de ce rectangle fera *le cofté droit ou Parametre de la Parabole* pour le diametre, auquel on a mené l'ordonnée, & puifqu'il a efté démontré dans la 11ᵉ prop. que les quarrez des ordonnées font tous entr'eux comme les parties du diametre comprifes entre fon extremité & l'ordonnée, il s'enfuivra que tous les rectangles égaux aux quarrez de ces mefmes ordonnées, & qui auront pour un de leurs coftez les parties du diametre comprifes entre fon extremité & les ordonnées auront tous une mefme hauteur qui eft *le Parametre*, & cette égalité de comparaifon luy a fait donner le nom de *Parabole*.

Dans l'Elipfe & dans l'Hyperbole, fi l'on fait un rectangle égal au quarré d'une ordonnée à un diametre qui ait pour un de fes coftez une des parties de ce diametre, comprife entre l'ordonnée & l'une de fes extremitez, & fi l'on fait que comme l'autre partie du diametre comprife entre l'ordonnée & l'autre extremité, à l'autre cofté du rectangle égal au quarré de l'ordonnée ; ainfi le diametre à une autre ligne droite, cette ligne fera *le cofté droit ou Parametre de l'Elipfe & de l'Hyperbole* pour les diametres aufquels on a mené l'ordonnée : mais fi l'on applique aux diametres des rectangles défaillans dans l'Elipfe, & excedans dans l'Hyperbole d'une figure rectangulaire femblable & femblablement pofée à celle qui eft contenuë fous le diametre & fous le Parametre (le Parametre eftant pofé perpendiculairement à l'extremité du diametre) tous ces rectangles feront entr'eux comme les quarrez des ordonnées à ces mefmes diametres, & dont ces ordonnées couppent vers l'une des extremitez du diametre une partie égale aux coftez des rectangles qui ne font pas joins au Parametre. Car il eft évident que ces rectangles ainfi appliquez font entr'eux comme ceux qui font fous les parties du diametre faites par les mefmes rectangles appliquez, & puifqu'il a efté démontré dans la 13ᵉ prop. que dans ces 2 Sections tous les rectangles fous les parties des diametres comprifes

I iij

entre fes extremitez & la rencontre des ordonnées font entr'eux comme les quarrez de ces mefines ordonnées, & puifqu'un rectangle appliqué a efté pofé égal au quarré d'une ordonnée, fuivant la pofition du Parametre, il s'enfuivra que tous les autres rectangles appliquez feront égaux aux quarrez des ordonnées.

On a nommé le rectangle compris fous un diametre & fous fon Parametre *figure de l'Elipfe & de l'Hyperbole* : Mais dans l Elipfe à caufe que tous les rectangles appliquez au diametre deffaillans d'une figure femblable & femblablement pofée à la figure font égaux aux quarrez des ordonnées qui couppent du diametre une partie égale au cofté du rectangle qui n'eft pas joint au Parametre, on luy a donné le nom *d'Elipfe* qui veut dire deffaut. Et dans l'Hyperbole à caufe que tous les rectangles appliquez au diametre excedans d'une figure femblable & femblablement pofée à la figure font égaux aux quarrez des ordonnées, on luy a donné le nom *d'Hyperbole* qui fignifie excés.

Il s'enfuit auffi que le quarré d'une ordonnée eft à la quatriéme partie de la figure comme le rectangle fous les parties du diametre comprifes entre l'ordonnée & les extremitez de ce mefme diametre, au quarré de la moitié du diametre.

Fig.
70 Je puis encore ajoûter icy que le foyer de la Parabole couppe de l'Axe une partie égale à la quatriéme partie du Parametre, ce qui eft évident, puifque l'angle F H B eft droit, & que F A eft égale à A D, & A H eft moitié de D L : car le quarré de H A fera égal à la quatriéme partie du quarré de l'ordonnée D L, & le rectangle fous B A, F A ou D A fon égale eft égal au quarré de H A : mais le rectangle fous D A & fous le Parametre eft égal au quarré de D L, & le rectangle fous B A & D A eft égal à fa quatriéme partie : & à caufe de D A hauteur égale pour ces deux rectangles la ligne A B fera la quatriéme partie du Parametre.

Semblablement le foyer de l'Elipfe & de l'Hyperbole couppe l'Axe, en forte que les parties comprifes entre un des foyers & fes extrémitez contiennent un rectangle égal à la quatriéme partie de la figure, lequel rectangle fe trouve dans l'Elipfe appliqué à l'Axe & deffaillant d'une figure quarrée, & dans l'Hyperbole il eft auffi appliqué à l'Axe & excedant d'une figure quarrée. Puifqu'il a efté démontré dans la 13e propofition que les rectangles fous les lignes comprifes entre les extremitez d'un diametre & quelque point pris fur ce diametre font aux quarrez des ordonnées menées de ces mefmes poins, tant dans l'Elipfe que dans l'Hyperbole comme le rectangle compris fous les 2 demy diametres, ou comme le quarré du demy diametre qui eft la mefme chofe, au quarré de quelqu'autre ligne, lequel quarré eft égal à la quatriéme partie de la figure, fuivant ce qui vient d'eftre dit cy-deffus en parlant de cette figure : mais auffi par les 14 & 15ᵉ prop. ce mefme quarré eft égal aux rectangles fous les parties des paralelles aux ordonnées aux extremitez du diametre, lefquelles parties font faites par des touchantes aux Sections ; donc tous ces rectangles ainfi faits feront égaux à la quatriéme partie de la figure. C'eft pourquoy le rectangle fous C G & A F ou C Q fon égale fera égal au quarré de la quatriéme partie de la figure : mais ce rectangle eft auffi égal au rectangle fous D C, D A ou C B fon égale : donc le rectangle fous D C, D A fera égal à la quatriéme partie de la figure : Mais ce rectangle eft appliqué à l'Axe C A deffaillant dans l'Elipfe, & excedant dans l'Hyperbole d'une figure quarrée, ce qui eftoit propofé.

Fig. 71. 72.

FIN.

*

✿✿✿ ✿✿✿ ✿✿✿ ✿✿✿ ✿✿✿ ✿✿✿ ✿✿✿ ✿✿✿ ✿✿✿ ✿✿✿ : ✿✿✿ ✿✿✿ ✿✿✿ ✿✿✿ ✿✿✿ ✿✿✿ ✿✿✿ ✿✿✿ ✿✿✿ ✿✿✿

AU RELIEUR.

LEs *dix premieres Planches où font les Figures doivent eftre reliées au commencement du Livre, en forte qu'elles fe puiffent plier dans le Livre, & qu'elles fe puiffent déplier & fervir pour tous les endrois du Livre où on en aura befoin, & que le quart de papier blanc où il n'y a rien foit enfermé dans le Livre. Et pour les treize dernieres elles doivent eftre reliées de la mefme maniere à la fin du Livre. On ne les doit plier qu'en d'eux s'il eft poffible ; car eftant pliées en trois, elles feront trop d'efpoiffeur.*

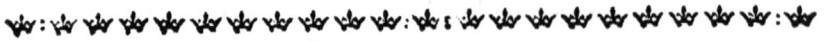

CERTIFICAT.

J'AY lû par l'ordre de Monſieur le Lieutenant de Police l'Ecrit intitulé *Nouvelle Methode en Geometrie pour toutes les Sections des ſuperficies Coniques & Cylindriques*, & je n'y ay rien trouvé qui me ſemble devoir empeſcher qu'on ne l'imprime. Fait à Paris le 24e jour de May 1673. GALLOIS.

Permis d'imprimer. Fait ce 28. de May. 1673.

DE LA REYNIE.

Achevé d'imprimer pour la premiere fois le 10. Juillet 1673.

De l'Imprimerie D'ANTOINE CELLIER, demeurant ruë de la Harpe, à l'Imprimerie des Roziers.

LES PLANI·CONIQUES

DE PH. DE LA HIRE.

Lufieurs perfonnes intelligentes dans la Geometrie n'eftant pas accoûtumées à concevoir des folides par de fimples lignes tracées fur un plan, auront de la peine à entendre la premiere propofition de la methode des Sections Coniques que je fis imprimer l'année paffée. C'eft ce qui m'a obligé à chercher cette maniere generale de defcription de trois differentes lignes courbes qui font les mefmes Sections, & à démontrer ce qui y eft contenu, fans qu'il foit befoin d'imaginer aucun folide ny plan que celuy fur lequel eft la figure ; en forte que l'on peut mettre ces Planiconiques à la place de cette premiere propofition pour paffer au refte. Et auparavant ces demonftrations planes, je feray voir que ces lignes courbes font les Sections d'un Cone, & ce fera d'une maniere fi fimple que je ne fais point de doute que les moins verfez dans la Geometrie ne puiffent l'entendre fort aifément; & par ce moyen je croy fatisfaire à tout ce qui fe peut fouhaiter fur ce fujet, & ce qui n'a point encore efté fait par aucun autre de ceux qui ont traité les Sections Coniques par des lignes décrites fur un plan comme j'ay fait icy, ce qu'ils ne pouvoient pas faire par leurs methodes, d'autant que leurs defcriptions font fondées fur les principales proprietez de ces mefmes Sections, defquelles on ne peut avoir la connoiffance qu'aprés toutes les autres, ce qui n'arrive pas icy où elles font prifes dans leur nature mefme fans y confiderer aucune proprieté.

J'ay appliqué cette methode aux figures de mes Coniques

K

par les folides, & comme j'ay befoin des Lemmes que j'y ay
démontrez, j'ay cotté les quatre que j'ay mis icy pour les Pla-
ni-coniques enfuite des 20 premiers, quoy que les 18, 19 &
20 foient entierement inutiles pour cecy. C'eſt pourquoy ceux
qui voudront apprendre les Coniques par cette methode, doivent fçavoir les 17 Lemmes qui font contenus dans les 13 premieres pages de ce Livre, avant que de commencer ces Planiconiques.

On ne trouvera pas dans les figures 32, 33 & fuivantes
toutes les lignes qui fervent à former les courbes ; car il y auroit eu trop de confufion, & on peut les imaginer facilement.

On retranchera la 12ᵉ propofition qui eſt une hyperbole coupée dans le Cone, & qui n'eſt qu'un Lemme pour la fuivan-
te, puis qu'auſſi bien ce qui y eſt démontré à l'égard de l'hyperbole, l'eſt auparavant dans le corollaire 1ʳ de la 7ᵉ propofition.

LES PLANI-CONIQUES.

Definition.

DEux lignes droites paralleles entr'elles & un point eftant fur un mefme plan, l'une des droites foit appellée DIRECTRICE, l'autre FORMATRICE, & le point POLE.

Generation de points.

S'il y a fur un plan la directrice B C, la formatrice D E & le pole Fig. A hors de la directrice, ayant pris quelque point *h* fur ce mefme 84. plan, fi par le pole A on mene la ligne A *h* & par le point *h* quel-85. que ligne droite *h x* qui coupe la directrice en *x* & la formatrice en 86. *z*, ayant tiré A *x* & par le point *z* la ligne *z* L parallele à A *x* qui coupe A *h* en L ; Je dis que le point L eft formé par le point *h*.

On voit par cette generation que les points formez comme L font toûjours dans les lignes droites menées du pole A aux points comme *h* qui les forment.

De plus, que plufieurs points formez ne fe rencontreront pas en-femble fi ceux qui les forment font feparez.

De plus encore, que les points de la Directrice ne peuvent former aucun point.

Lemme 21.

La Directrice, la Formatrice, & le Pole A ne changeans point; Fig. Je dis que par cette maniere de generation le point *h* ne peut former 84. d'autre point que le point L. 85.
86.

Car fi par le mefme point *h* on mene *h u y* qui rencontre la di-rectrice en *y* & la formatrice en *u*, ayant tiré A *y* & *u l* parallele à A *y* ; Je dis que les points L & *l* ne font qu'un mefme point à caufe des paralleles A *x*, *z* L ; & *x y*, *z u* : & *y* A, *u l*, on a les trian-gles *h* A *x*, *h* L *z* femblables, & *h x y*, *h z u*, & *h y* A, *h u l* : c'eft pourquoy comme *h* A eft à *h* L ainfi *h x* à *h z*, & comme *h x* à *h z* :

ainſi *h y* à *h u*, & comme *h y* à *h u* : ainſi *h* A, à *h l* ; donc *h* A à *h* L : comme *h* A à *h l* : *h* L & *h l* ſont donc égales, & les 2 points L & *l* ne ſont qu'un meſme point.

Corollaire 1.

Il eſt évident par cecy que l'on peut choiſir quelque point ſur la directrice comme *x*, & ayant mené par le pole la ligne A *x* elle peut ſervir pour la generation de tous les points que l'on voudra, hormis ſeulement ſi le point qui forme ſe trouve dans elle-meſme, auquel cas on en peut prendre un autre, ce qui n'importe point ſuivant la demonſtration de ce Lemme. comme ſi l'on veut avoir un point formé par le point *h* on menera les 2 lignes *x h* & A *h* & par le point *z* ou *x h* coupe la formatrice D E on menera *z* L parallele à A *x* qui rencontrera d'un coſté ou d'autre la ligne A *h* en L qui ſera le point formé.

Lemme 22.

Fig. 87

La directrice, la formatrice & le pole A ne changeant point, je dis que par cette maniere de generation de points, tous les points d'une ligne droite comme *h*, *n*, *m* formeront des points L, N, M qui ſeront ſur une ligne droite.

Par le pole A & par les points *h*, *n*, *m* ſoit tiré les lignes droites A *h*, A *n*, A *m*, & que l'une d'entr'elles A *h* prolongée s'il le faut rencontre la directrice en *y* & la formatrice en *u*, ayant mené *y n* & *y m* qui coupent D E en O & en G, & ayant encore mené O N, G M, paralleles à A *y* on a les points N & M formez par les points *n* & *m* par le corollaire du 21 Lemme, puis ayant mené du point *h* quelque ligne *h x* qui coupe B C en *x* & D E en *z*, & ayant joint A *x* & mené *z* L parallele à A *x*, le point L ſera formé par le point *h*, Je dis que les points L, N, M ſont en une ligne droite. car à cauſe des triangles ſemblables, comme *h* A eſt à *h* L, ainſi *h x* à *h z*, & comme *h x* à *h z* ainſi *h y* à *h u*, donc *h* A à *h* L comme *h y* à *h u*, ou bien *h* A à *h y* comme *h* L à *h u*, & dans le triangle A *n y* puiſque *m n h* eſt poſée ligne droite, & O N parallele à A *y*, comme *h* A à *h y*, ainſi P N à P O, ou bien *h* L à *h u* comme P N à P O. Semblablement au triangle A *m y*, G M eſtant parallele à A *y*, Q M ſera au triangle à Q G comme *h* L à *h u*, & puiſque les points *u*, O, G ſont ſur la ligne droite D E qui eſt la formatrice, les points L, N, M feront donc auſſi ſur une ligne droite ce qu'il falloit prouver. Mais

ſi la

fi la ligne droite *h m* eſt parallele à la directrice & paſſe par le pole A
tous ſes points en formeront d'autres qui ſeront ſur elle-meſme comme la generation le montre.

Or j'appelle la ligne L N M formée par la ligne *h n m*.

Corollaire 1.

Il eſt évident que la ligne L M formée, & *h m* qui la forme ſe
rencontreront en un point D ſur la formatrice D E ou bien elles luy
ſeront paralleles, & à la directrice auſſi, ou au contraire.

Corollaire 2.

De plus, il eſt évident qu'une ligne courbe ne formera point de ligne droite, ce qui eſt le converſe de ce Lemme.

Corollaire 3.

Il eſt encore évident que la ligne droite qui vient d'un point de la
directrice, comme *x h* formera une ligne droite *z* L parallele à A *x*
qui vient du pole A au point *x* de la directrice, puiſque tous les points
de cette ligne *x h* forment des points qui ſont tous dans des lignes
droites paralleles à A *x* & menées par le point *z* qui ſont toutes jointes enſemble ſur ʒ L : & au contraire une ligne *z* L ſera formée par
la ligne *x ʒ h* menée par le point ʒ où ʒ L coupe la formatrice, &
par le point *x* où A *x* menée par A & parallele à *z* L coupe la directrice. Par conſequent toutes les lignes qui paſſent par un point de la
directrice comme *x* formeront des lignes paralleles entr'elles, & à la
ligne menée du pole A à ce point *x* ; ou au contraire ſi celles qui
ſont formées ſont paralleles entr'elles, celles qui les forment viendront d'un point de la directrice, pourveu que ces paralleles ne le
ſoient pas auſſi à la directrice ; car en ce cas tant celles qui ſont formées que celles qui forment ſont toutes paralleles à la directrice &
à la formatrice par le Corol. 1. de ce Lemme.

Lemme 23.

Les meſmes choſes eſtant poſées comme cy-devant, je dis que toutes les lignes comme *x ʒ*, *v u*, *n h* qui eſtant paralleles entr'elles coupent la directrice B C formeront des lignes qui ſe rencontreront toutes en un point *a*.

Par le Corollaire 3. du 22. Lem. la ligne *x ʒ* formera une ligne

Fig.
38.

L

droite *z a* parallele à A *x* , & *y u* formera *a u* parallele à A *y* ; & *n h* formera *a h* parallele à A *n*, donc à cauſe des paralleles poſées & de B C & D E qui ſont auſſi paralleles, les points *z* , *u* , *h* ſont poſez comme *x* , *y* , *n* ; & les lignes A *x* , A *y* , A *n* paſſent par le point A ; les lignes *z a* , *u a* , *h a* qui leurs ſont paralleles paſſeront auſſi par un point *a*.

Corollaire.

Il eſt évident que la ligne A *a* eſt parallele & égale à la partie de l'une des paralleles menées d'abord, compriſe entre la directrice & la formatrice.

Lemme 24.

Fig. 32.　　Si il y a ſur un plan un cercle *l h n* & une ligne droite C *h* qui touche le cercle en *h* : Je dis que la ligne droite *c* H formée par C *h* ne rencontrera qu'en H la ligne courbe L H N formée par le cercle.

Car s'il eſtoit poſſible que la ligne droite *c* H rencontraſt la courbe L H N en plus d'un point comme en H & en N , il s'enſuivroit auſſi que C *h* qui la forme paſſeroit par les deux points *h* & *n* qui forment les points de la courbe H & N par le 22 Lemme contre l'hypotheſe qui eſt que C *h* touche le cercle en *h* ; donc *c* H rencontre la courbe ſeulement en H.

Les Sections des ſuperficies Coniques ſont des lignes courbes formées par un cercle ſuivant cette methode.

Fig. 89.　　SOit un Cone *a* D H E M dont la baſe ſoit le cercle D H E M & le ſommet le point *a* ; qu'il ſoit coupé par quelque plan D L E : je dis que la ligne courbe D L E faite ſur ce plan coupant par la ſuperficie conique , eſt une ligne courbe formée par un cercle, ſuivant la methode cy-devant donnée.

Ayant mené par le ſommet du cone *a* un plan *a* B C parallele au plan coupant D L E & qui coupe le plan de la baſe du cone en la ligne *b c*, & ayant mené de l'un des points H du cercle D H E baſe du cone quelque ligne droite H X qui coupe D E en *z*, & *b c* en X, foit poſé ſur le plan coupant le plan de la baſe du cone D H X *c b* ſur lequel eſt le cercle D H E M, la ligne D E Ʒ ſection du plan coupant avec cette baſe, la ligne *b c*, & la ligne H X, en ſorte que la ligne D E *z* ſoit poſée ſur elle-meſme, & le point *z* de cette ligne ſur le point *z*. D'où il eſt évident que le cercle D H E M baſe du cone eſtant poſé ſur le plan coupant en D *h* E *m* ſera poſé à l'égard des points de la ligne D *z*, comme le cercle D H E M à l'égard des meſmes points de cette ligne, c'eſt à dire que ſi de quelque point *z* de cette ligne on mene la ligne *z* H, qui rencontre le cercle D E M, en H, du meſme point *z* ayant mené *z* H ſur le plan coupant, en ſorte que l'angle D *z h* ſoit égal à l'angle D *z* H, la ligne *z h* rencontrera le cercle D E *m* en *h* & ſera égale à *z* H. Il eſt encore évident que la ligne B C *x* ſur le plan coupant eſt autant éloignée de la ligne D E que *b* X *c* ſur le plan de la baſe l'eſt de la meſme ligne D E & qu'elles ſont toutes trois paralleles entr'elles. De plus que toutes les lignes menées des points *x* & X ſur le plan coupant & ſur le plan de la baſe, a un meſme point de la ligne D E ſeront égales entr'elles, & feront angles égaux avec cette ligne D E ou avec ſes paralelles *b c*, & B C, puiſque l'angle D *z* X eſt le meſme que l'angle D *z* *x* par la poſition. Enfin ſoit mené ſur le plan coupant la ligne *x* A faiſant l'angle B *x* A égal à l'angle *b* X *a* ſur le plan par le ſommet parallele au plan coupant; d'où il eſt évident que *x* A & X *a* ſont paralleles, puis qu'elles ſont ſur deux plans paralleles, & que *b c* & B C ſont paralleles. Enfin ſoit fait *x* A égale à X *a*.

Or le point A ſoit le pole, la ligne B C la directrice, & D E la formatrice: je dis que le cercle D *h* E *m* formera la courbe D L E. Car ſi du ſommet du cone *a* on mene une ligne droite *a* L par quelque point L de cette courbe juſques à la baſe du cone en H ayant tiré X H qui coupera D E en quelque point *z*, & ayant mené *z* L, X *a* & Ʒ L ſeront paralleles, puis qu'elles ſont dans le plan du triangle *a* X H, & que *z* L eſt ſur le plan coupant, & X *a* ſur le plan par le ſommet parallele à ce plan coupant. Maintenant ſi par le point *x* de la directrice, & par le point *z* de la formatrice on mene la ligne *x z* par la preparation cy devant elle rencontrera le cercle D *h* E *m* en *h*, en ſorte que *x h* ſera égale à X H, & *z h* égale à *z* H: mais *x* A & X *a* eſtant paralleles, *x* A & *z* L le ſeront auſſi, donc au triangle H X *a* comme H X à H *z*, ainſi X *a* à *z* L, & au triangle *h x* A comme *h x* à *h z* ainſi *x* A à *z l*: mais *b x* eſt égale à H X

& *h z* égale à H *z*, & *x* A égale X *a*; donc *z l* eſt égale à *z* L & les deux points *l* & L ne ſont qu'un meſme point. Mais par la generation cy-devant poſée le point *h* a formé le point *l* qui eſt un des points de la ſection du cone, ce qui eſtoit propoſé.

On doit conſiderer que dans la generation des courbes, ſi la directrice touche le cercle generateur, c'eſt la meſme choſe que ſi le plan par le ſommet du cone parallele au plan coupant touche le cone, & en ce cas la ſection ſur le plan coupant a eſté appellée *Parabole*.

Si la directrice ne rencontre point le cercle generateur, ou ſi le plan par le ſommet paralelle au plan coupant ne rencontre point le cone, la ſection ſur le plan coupant a eſté appellée *Elipſe*, & cette ſection peut eſtre un cercle qui a eſté nommé par Apollonius *Section ſoucontraire* à cauſe que le triangle qui ayant ſon ſommet commun avec celuy du cone, & pour ſa baſe un des diametres du cercle qui en eſt la baſe, & qui eſtant perpendiculaire au plan de cette baſe du cone, eſt coupé perpendiculairement par le plan coupant ſur lequel eſt la ſection, en ſorte que le triangle reſtant vers le ſommet ſoit ſemblable au triangle total, mais ſoit poſé ſoucontrairement.

Enfin ſi la directrice coupe le cercle generateur, ou ſi le plan par le ſommet paralelle au plan coupant coupe le cone, la ſection ſur le plan coupant a eſté appellée *hyperbole*, ou les ſections des deux cones oppoſez au ſommet qui ſont coupez tous deux, en ce cas par le plan coupant, ſont appellées *hyperboles* ou *ſections oppoſées*.

Voyez aux pages 69 & 70 la raiſon pour laquelle Apollonius donna ces noms à ces ſections, car auparavant luy la parabole eſtoit appellée *ſection du cone rectangle*; l'Elipſe, *ſection du cone acutangle*; & l'hyperbole, *ſection du cone obtuſangle*, conſiderant toûjours le cone droit, & le plan coupant perpendiculaire à l'un des coſtez du triangle qui formoit le cone.

Il n'importe pas pour la generation de ces courbes que la formatrice coupe le cercle generateur ou non, ny en quel lieu elle ſoit placée à l'égard de la directrice & de ce cercle, car cela ne change rien à la nature de la courbe ny à ſa generation pour les proprietez que l'on y demontre comme il eſt évident, puiſque ſuivant ſes differentes poſitions, la courbe ſera la ſection du cone au deſſus de la baſe, ou prolongé au delà de la baſe, ou bien du cone oppoſé au ſommet.

POVR

POUR LA PARABOLE.

Diametres & ordonnées.

SOit la parabole D H E formée par le cercle *l n m*, dont A eſt
le pole, B C la directrice & D E la formatrice : je dis que toutes
les lignes paralleles entr'elles & terminées par 2 extremitez à cette
parabole ſeront coupées en 2 également par une ligne droite, cette
ligne droite eſt ditte *diametre*, & les paralleles ſont les *ordonnées*.

Dans la parabole D H E que l'on tire la ligne droite L N & autant d'autres que l'on voudra qui luy ſoient paralleles. Par le pole
A & par les points L & N ſoit tiré les lignes A L, A N qui rencontreront le cercle *m l n* en *l* & en *n*, puiſque les points L & N
ſont formez par des points du cercle.

Or la ligne *l n* eſt parallele à la directrice B C, ou bien elle ne
luy eſt pas parallele. Poſons d'abord qu'elle ne le ſoit pas, *l n* rencontrera donc la directrice en quelque point C, ſi de ce point C on
mene la touchante C *h* au cercle & *h m* qui joint les attouchemens
des touchantes au cercle menées du point C, *h m* coupera *l n* en *p*, en
ſorte que les points C, *l, p, n*, diviſeront la ligne C *n* en 3 parties harmoniquement par le 9 Lem. mais par le corol. 3 du 22 Lem. & par
la generation des points L & N la ligne L N eſt parallele à A C
l'une des extrêmes de celles qui viennent du pole A aux points de
diviſion C, *l, p, n*, de la ligne C *n*, L N ſera donc coupée en 2 également en P par la ligne A *p* par le 3 ou 6 Lemme on demontrera
la meſme choſe à l'eſgard de toutes les autres paralleles à L N menées dans la parabole.

Mais par le corol. 3 du 22 Lem. toutes les paralleles à L N ſeront
formées par des lignes qui venant du point C coupent le cercle, &
puis qu'elles ſont coupées en 3 parties harmoniquement par le point
C, par le cercle, & par la ligne *h m* qui eſtant droite formera auſſi
une ligne droite H P par le 22 Lemme qui diviſera en 2 également
toutes les paralleles à L N menées dans la parabole : puiſque les
points P de diviſion de chacune ſont formez par les points *p* qui
ſont ſur *h m*.

M

Maintenant ſi *l n* eſt parallele à la directrice B C, la ligne L N & ſes paralleles menées dans la parabole le doivent eſtre auſſi par le corol. 1. du 22 Lem. & toutes les lignes qui les forment dans le cercle le feront pareillement. Mais toutes les paralleles entr'elles dans un cercle ſont coupées en 2 également par un de ſes diametres qui doit paſſer par le point *m* point touchant de la directrice B C qui eſt l'une des paralleles, & en ce cas *l n* & L N eſtant paralleles & compriſes par les 2 lignes A L *l*, A N *n*, la ligne A *p* qui diviſe en 2 également *l n* en *p* diviſera auſſi en 2 également L N en P, & ainſi des autres paralleles à L N.

On connoiſt donc par cecy que de quelque maniere que l'on mene des paralleles entr'elles dans la parabole qui y ſoient terminées par 2 extremitez elles y feront coupées en 2 également par une ligne droite qui en eſt le diametre duquel elles ſont les ordonnées.

Touchantes aux extremitez des Diametres.

Je dis que la paralleles *c* H aux ordonnées à un diametre, & menée par le point H où ce diametre rencontre la parabole la touchera en ce point. Ce qui eſt évident par le 24 Lem. puis qu'elle eſt formée par la ligne droite C *h* qui touche le cercle en *h* & qui vient du point C de la directrice ou qui luy eſt parallele.

Tous les diametres paralleles entr'eux.

Je dis de plus que dans la parabole tous les diametres ſont paralleles entr'eux. Ce qui eſt évident, puis qu'ils ſont formez par des lignes comme *m h*, qui joignent les attouchemens au cercle des lignes menées des points de la directrice B C, ou bien lors qu'elles luy ſont paralleles ; mais à cauſe que B C en eſt toûjours une, le point *m* ſera commun à toutes les lignes qui forment les diametres, & puis qu'il eſt auſſi ſur la directrice, tous les diametres ſont paralleles entr'eux, & à la ligne A *m* par le corol. 3 du 22 Lemme.

Une touchante compriſe entre ſon point touchant & un diametre eſt coupée en deux également par la touchante à l'extremité de ce diametre.

Soit la ligne droite L V qui touchant la parabole en L rencontre quelque diametre P H prolongée en V, je dis que la touchante *c* H menée à l'extremité H de ce diametre coupera L V en 2 également en *c*. Car fi du point L on mene l'ordonnée L P au diametre H P, & que du point A on tire les lignes A L, A H prolongées jufques au cercle en *l* & en *h* on aura la ligne *m h u* qui a formé le diametre P H V, & fi au point *h* on tire *h* C touchante au cercle qui rencontrera la directrice en C ou qui luy fera paralele, & fi par le point *l* & par le point C de la directrice où la touchante en *h* la rencontre on mene la ligne C *l p n*, ou bien fi la touchante en *h* luy eft paralele, foit auffi tirée *l n* paralelle à B C ; enfin fi par le pole A & par le point V on tire la ligne A V indefinie qui rencontre *m h* prolongée en *u*, en forte que *u l* eft touchante au cercle en ', il eft évident par la generation des touchantes, des ordonnées & des diametres cy-deffus démontrée, que les lignes V L, V P, L P, & *c* H font formées par les lignes *u l*, *u p*, *l p*, C *h*, & les points des unes par les points des autres. Mais par les 11 & 9 Lem. la ligne *u m* eft coupée en 3 parties harmoniquement aux points *u*, *h*, *p*, *m*, & fi par le pole A on mene les lignes A *u*, A *h*, A *p*, A *m* elles couperont V P, qui eft paralele à A *m* par le corol. 3 du 22 Lemme en 2 parties égales en H par le 3 ou 6 Lemme. Et H *c* eftant paralelle à P L, il eft évident que V L eft auffi coupée en 2 également en *c*.

Il peut arriver que la ligne A V fera paralele à *m h* : mais pour lors la ligne *l n* paffera par le centre du cercle, & la touchante en *l* fera paralele à *m h*, car s'il eftoit autrement la touchante en *l* rencontreroit *m h* en *u*, & le point V formé par le point *u* feroit dans la ligne A *u* contre la pofition : *l n* en ce cas divifera donc *m h* en 2 parties égales en *p*, & par le 4 ou 6 Lemme la ligne V P fera toûjours coupée en 2 également en H par la ligne A *h*.

POUR L'ELIPSE.

Diametres & ordonnées.

S'IL y a fur un plan l'Elipfe F L H N formée par le cercle *f l h n* dont A foit le pole, B C la directrice & D E la formatrice: Je dis que toutes les lignes paralelles entr'elles comme G P, H N, I M, Fig. 33.

&c. menées dans cette Elipſe ſeront coupées en 2 également par une
ligne droite F L qui eſt le *diametre* de ces paralelles qui ſont ſes
ordonnées.

Il eſt évident que ces paralelles ſont formées par des lignes qui
paſſent par un point de la directrice, ou qui luy ſont paralelles par
le corol. 3 du 22 Lemme. Mais premierement qu'elles paſſent par
le point B. Si par le pole A & par les points G, H, I on mene des
lignes prolongées juſques au cercle en *g h i* on aura les lignes B *g*,
B *h*, B *i* qui ont formé les paralelles P G, N H, M I, puis du point
B ayant mené B *f*, B *l* touchantes au cercle, & ayant joint les attouchemens *f l* la ligne B *g* ſera coupée en 3 parties harmoniquement
en *g r p* B par le 9 Lemme, mais puiſque G P eſt paralell à A B par
le corol. 3 du 22 Lemme, la ligne A *r* coupera G P en R en 2 parties égales par le 3 ou 6 Lemme, on demontrera de meſme que H N
& I M ſont coupées en 2 également en O & en T : mais les points
R, O, T ſont formés par les points *r, o, t* de la ligne droite *f l* donc
R, O, T, ſont ſur une ligne droite F L par le 22 Lemme.

Mais ſi G P, H N & les autres ſont paralelles à la directrice *g p*,
h n, & les autres qui les forment le ſeront auſſi par le corollaire 1ᵉ
du 22 Lemme, & *g p*, *h n* ſeront coupées en 2 également par un
diametre du cercle, donc en ce cas au triangle A *g p*, G P eſt paralelle à *g p*, & A *r* la coupera en R en 2 également puiſque *g p*
l'eſt auſſi en *r* ; ſuppoſant dans la figure *l* B & *f* B touchantes paralelles à B C.

L'on connoit de cecy que les lignes comme *f l* qui joignent les
attouchemens des touchantes menées de tous les points de la directrice & des touchantes paralelles à la directrice forment des diametres
dans l'Elipſe.

Touchantes aux extremitez des Diametres.

Je dis que F *b* paralelle à une ordonnée G P & menée par une
extremité F de ſon diametre F L touchera l'Elipſe ſeulement en F,
ce qui eſt évident par le 24 Lemme, puiſque F *b* eſt formée par la
touchante B *f* au cercle, & qui vient d'un point de la directrice
ou qui luy eſt paralelle.

Centre.

Je dis que tous les diametres paſſeront par un meſme point O
dans

dans l'Elipſe , lequel point les diviſe en 2 également & eſt appellé centre. Ce qui eſt évident, puiſque par le 15 Lemme toutes les lignes comme *f l* ſe rencontrent dans le cercle en un point *o*, & que toutes ces lignes forment des diametres dans l'Elipſe, & le point O eſt formé par le point *o*. De plus toutes ces lignes comme *f l* rencontrant la directrice en C feront coupées en 3 parties harmoniquement en C, *l*, *o*, *f*, ou eſtant parallele à B C el!e ſera coupée en 2 également en *o* par le 14 Lemme, & les diametres dans l'Elipſe comme F L formez par les lignes *f l* ſont paralelles à A C menée du pole A au point C qui eſt un des points extrémes de diviſion de la ligne C *l o f*, donc par le 3 ou 6 Lemme A *o* coupe en 2 également en O le diametre F L, & ainſi des autres, ou ſi *f l* eſt parallele à B C, la meſme choſe ſera toûjours ; ce qui n'a pas beſoin d'explication après ce qui a eſté dit en parlant des ordonnées.

Diametres conjuguez.

Puiſque toutes les lignes qui paſſent par le point O ſont diametres dans l'Elipſe, ceux-là ſont appellez conjuguez l'une à l'autre, dont les ordonnées de l'un ſont paralleles à l'autre, & reciproquement les ordonnées du dernier ſont paralleles au premier comme il eſt aiſé à connoiſtre par leurs generations.

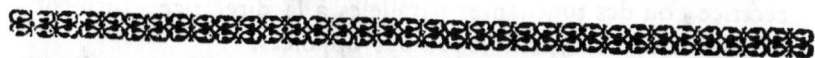

POUR L'HYPERBOLE
ET LES SECTIONS OPPOSE'ES.

Diametres & Ordonnées.

S'Il y a ſur un plan l'hyperbole I L M ou les hyperboles oppo- ſées I L M, P F G formées par le cercle *f i l* dont A ſoit le pole, B C la directrice & D E la formatrice. Je dis que ſi l'on mene autant de lignes droites que l'on voudra comme M I, G P dans l'une ou dans les deux, elles ſeront toutes coupées en deux également par une ligne droite R T qui eſt le *diametre* de ces paralleles qui ſont ſes *ordonnées*. Fig. 34.

Il eſt évident que ces paralleles ſont formées par des lignes qui

N

paſſent par un point B de la directrice, ou qui luy ſont paralleles par le corollaire 3 du 22 Lemme. Mais poſons d'abord qu'elles paſſent par le point B. Si par le pole A & par les points G & 1 on mene des lignes juſques au cercle en *g* & en *i*, on aura les lignes B *g*, B *i* qui ont formé les paralleles G P, M I. Puis du point B ayant mené B *f*, B *l* touchantes au cercle, & ayant joint les attouchemens *f l*, la ligne B *g* ſera coupée en 3 parties harmoniquement aux points B, *p*, *r*, *g* par le 9 Lemme. Mais puiſque G P eſt parallele à A B par le corollaire 3 du 22 Lemme la ligne A *r* coupera G P en R en 2 parties égales par le 3 ou 6 Lemme, on démontrera de meſme que I M ſera auſſi coupée en 2 également en T, & ainſi des autres: mais les points R & T ſont formez par les points *r* & *t* de la ligne droite *f l* donc R & T ſont ſur une ligne droite F L.

Mais ſi G P, M I & les autres ſont paralleles à la directrice, *g p* & *m i* qui les forment le ſeront auſſi par le corollaire 1 du 22 Lemme, & *g p*, *m i* ſeront coupées en 2 également par un diametre du cercle, donc en ce cas au triangle A *g p*, G P eſt parallele à *g p*, & A *r* la coupera en R en 2 également puiſque *g p* l'eſt auſſi en *r*, en ſuppoſant dans la figure que *f* B & *l* B touchantes ſont paralleles à B C.

On connoit de cecy que toutes les lignes comme *f l* qui joignent les attouchemens des touchantes menées de tous les points de la directrice, ou des touchantes paralleles à la directrice, forment des diametres d'une hyperbole, ou des oppoſées.

Je dis de plus, que ſi l'on mene autant de paralleles que l'on voudra comme P I de l'une à l'autre des hyperboles oppoſées, elles ſeront auſſi coupées en 2 également par une ligne droite Q O qui en ſera le diametre, & elles luy ſeront ordonnées.

Car elles ſeront toutes formées par des lignes droites qui paſſent par quelque point C de la directrice au dedans du cercle generateur comme la generation le montre. Si l'on mene donc *n o*, *h o* qui touchant le cercle en *n* & en *h* où la directrice le coupe ſe rencontrent au point *o*, puis ayant mené *o* C qui coupe le cercle en *f* & en *l*, & ſi des points *f* & *l* on mene *f* B, *l* B qui touchant le cercle ſe rencontrent en un point B, ce point B ſera ſur la directrice par le 11 Lemme. Ayant tiré *o* B indeterminée ſi par le pole A, & par le point *i* on mene A *i* juſques au cercle en *i* on aura la ligne *i* C *q* qui a formé P I. Mais la ligne *i q* eſt coupée en trois parties har-

moniquement aux points *i*, C, *p*, *q* par le 15, & 9 Lemmes. Mais
par le corollaire 3 du 22 Lemme P I est parallele à A C donc A *q*
coupera P I en Q en 2 parties égales. Par le 6 Lemme on demontrera la mesme chose à l'égard de toutes les paralleles à P I. Mais
tous les points de division comme Q sont formez par les points de
la ligne droite *o* B, donc tous ces points seront sur une mesme ligne droite O Q par le 22 Lemme il peut arriver que la ligne *i* C *p*
soit parallele à *o* B, & pour lors le point C la coupera en 2 également par le corollaire du 13 Lemme, & en ce cas les lignes *o* B &
i p formeront des lignes qui se rencontreront en quelque point Q
par le corollaire du 23 Lemme, en sorte que A Q sera parallele à
i p, & par le 6 Lemme I P sera aussi coupée en 2 également en Q
par la ligne O Q formée par la ligne *o* B.

Mais si les touchantes en *n*, & en *h* sont paralleles entr'elles, en
ce cas la directrice passera par le centre du cercle, & l'on menera
par le point C la ligne *f l* qui leur soit parallele ; puis si les touchantes en *f* & en *l* rencontrent la directrice en B on tirera aussi
B *q o* paralleles aux autres, & cela ne changera rien à la demonstration qui vient d'estre faite.

Mais de plus, si les touchantes en *n* & en *h* se rencontrant en *o*
& la ligne *o* C estant tirée, si les touchantes en *f* & en *l* sont paralleles à la directrice on menera par le point *o* la ligne *o q* B aussi
parallele à la directrice, & le reste de la demonstration s'ensuivra
comme auparavant.

Enfin si le point C estoit le centre du cercle les touchantes en *n*
& en *h* seroient paralleles entr'elles & pareillement les touchantes
en *l* & en *f*, c'est pourquoy on n'auroit ny le point *o*, ny le point
B : mais le point C divisant en ce cas toutes les lignes comme *i p*
en 2 également si l'on mene A Q parallele à *p i*, puisque P I est
parallele à A C par le corollaire 3 du 22 Lemme, le point Q coupera P I en 2 également par le 6 Lemme, & par la generation de
la ligne P I elle passera par le point de la formatrice qui est la section de *p i* qui la forme, & la partie de *p i* comprise entre cette section & le point est parallele & égale Q A. Et ainsi de tous les autres points comme Q sur les paralleles à P I, mais D E estant droite aussi tous les points Q seront sur une ligne droite.

On connoist de cecy que toutes les lignes menées par le point *o*
& qui ne rencontrent pas le cercle forment des diametres des or-

données entre les sections opposées, ou bien quand la directrice passe par le centre du cercle, ce seront toutes les lignes perpendiculaires à cette directrice.

Touchantes aux extremitez des Diametres.

Je dis que F *b* parallele aux ordonnées G P a un diametre & menée par ses extremitez F touchera l'hyperbole seulement en F, ce qui est évident par le 24 Lemme.

Centre.

Je dis que tous les diametres passeront par un mesme point O entre les hyperboles opposées, & ce point divisera en 2 également ceux qui rencontrent les hyperboles & sera appellé centre. Par la generation des diametres & par le 16 Lemme toutes les lignes qui les forment se rencontrant au point *o* le point O qu'il formera sera la rencontre de tous les diametres. Mais si la directrice passe par le centre du cercle, les lignes qui les forment estant paralleles entr'elles les diametres qu'elles formeront passeront par un point par le 23 Lemme, & le diametre qui n'est formé par aucun point du plan passera aussi par le point O par le corollaire du 23 Lemme. Maintenant si F L diametre terminé est formé par *l o* qui est coupée en 3 parties harmoniquement en *o*, *f*, C, *l* par le 9 Lemme, & par le corollaire 3 du 22 Lemme F L estant parallele à A C, par le 6 Lemme *o* A la coupera en O en 2 également ; Et si la directrice B C passe par le centre du cercle, *f l* sera coupée en 2 également en C, & A O estant parallele à *f l*, le point O divisera toûjours F L en 2 également par le 6 Lemme.

Diametres conjuguez.

Puis que toutes les lignes qui passent par le point O sont diametres, ceux-là sont dits conjuguez l'un à l'autre dont les ordonnées de l'un sont paralleles à l'autre, & reciproquement de plus l'un passera toûjours dans les sections opposées, & l'autre entre, ce qui est évident par leurs generations.

Sections opposées, semblables & égales.

Definition.

Semblables & égales hyperboles font celles, dont les ordonnées à quelque diametre faifant angles égaux chacun au fien font égales & coupent du diametre vers fon extremité des parties égales.

Le point *o* eftant trouvé fi de quelque point B de la directrice on mene B *m i* puis *m p o* eftant menée. Et par le point *p* B *p g*, & les 2 touchantes B *l*, B *f*. la ligne *l f* paffera en *o*. Or la ligne *l f* forme le diametre L F auquel les lignes M I, P G font ordonnées qui font formées par *m i*, *p g*. Mais par le 9 Lemme *o l* eft coupée en 3 parties harmoniquement en *o*, *f*, C, *l*, & pareillement *o m* en *o*, *p*, *y*, *m*, & par le 5 Lemme *o t* le fera auffi en *o*, *r*, C, *t*. Mais par le 6 Lemme le diametre F L eftant paralle à A C, R T fera coupée en 2 également en O auffi bien que F L, on aura donc R F & L T égales. De plus les lignes *i p*, & *g m* pafferont par le point C par le 9 & 5 Lemme. Mais par le corollaire 3 du 22 Lemme les lignes *i p*, *g m* forment I P, G M paralleles entr'elles; mais I M, G P l'eftant auffi, feront égales & les angles G R F, I T L égaux, ce qu'il falloit démontrer.

A S Y M P T O T E S.

SI les 2 lignes droites *n o*, *h o* qui touchent le cercle en *n* & en *h* où la directrice le coupe forment des lignes D O X, E O Z qu'elles foient appellées *Afymptotes*.

Je dis que les Afymptotes pafferont par le centre des hyperboles. Car fi les touchantes *n o*, *h o* fe rencontrent en *o* ce point forme le centre O, & fi elles font paralleles, elles pafferont auffi par le centre O par le 23 Lemme.

Je dis que fi la ligne S F V touche l'hyperbole en F & rencontre les Afymptotes en S & en V, le point touchant F divifera S V en 2 également. Car cette ligne S V fera formée par la ligne *f u* qui touchant le cercle en *f* & rencontrant la directrice en B fera coupée

O

en 3 parties harmoniquement en B, *f*, *f*, *u* par le 17 Lemme. Mais
par le corollaire 3 du 22 Lemme S V est parallele à A B. Donc A *f*
coupera S V en F en 2 également par le 6 Lemme.

Mais si *u f* est parallele à B C le point *f* la coupera en 2 également,
& S V qui luy fera parallele par le corollaire 1 du 22 Lemme, fera aussi coupée en 2 également en F par la ligne A *f*.

Je dis de plus, que la ligne droite Z X rencontrant les Asymptotes en Z & en X, & l'hyperbole en P & en G aura les parties Z P,
X G comprises entre l'hyperbole & les Asymptotes, égales, ou bien
Z G, X P. Car Z X estant formée par *z x* qui rencontrant la directrice en B, si du point B on mene les touchantes B *f*, B *l*, &
ayant joint *l f* la ligne B *x* fera coupée en 3 parties harmoniquement en B, *z*, *r*, *x* par le 17 Lemme, & semblablement la ligne
B *g* en B, *p*, *r*, *g* par le 9 Lemme. Mais par le corollaire 3 du
22 Lemme la ligne Z X est parallele à A B, donc par le 6 Lemme
Z X & P G feront coupées en 2 également en R par la ligne A *r* :
Si l'on ofte donc des égales R Z, R X, les égales R P. R G les
restes P Z, G X feront égaux, & si à ces restes on ajoûte les égales R P, R G on aura P X & G Z égales.

Mais si *z x* est parallele à la directrice ayant mené les touchantes au cercle qui luy foient aussi paralleles la ligne *f l* qui joindra
les attouchemens coupera *z x* & *p g* en deux également en *r* &
Z X estant pour lors parallele à *z x* par le corollaire 1 du 22 Lemme A *r* coupera en R les 2 lignes Z X, P G & le reste s'enfuivra
de mesme.

Je dis enfin que si la ligne droite I P rencontre les sections opposées en I & en P, & les Asymptotes en & & en Æ les parties
comprises entre les hyperboles & les Asymptotes feront égales, à
fçavoir P &, I Æ, & P Æ, I &. Car elle fera une ordonnée, &
fera formée par *i p*, & B *o* estant menée comme il a esté dit en parlant des ordonnées la ligne *i p q* fera coupée en 3 parties harmoniquement en *i*, C, *p*, *q* par le 15 Lemme, & la ligne *h* B l'estant
aussi aux points *h*, C, *n*, B par le 9 Lemme, la mesme ligne *i p*
le fera aussi aux points *a*, C, *&*, *q* par le 5 Lemme. Mais par le
corollaire 3 du 22 Lemme, I P estant parallele à A C fera coupée
en 2 également en Q, aussi bien que Æ &, si l'on ofte donc des
égales Q P, Q I, Q &, les égales Q Æ les restes P &, I Æ feront égaux, semblablement P Æ, & I.

Pour les autres rencontres differentes de la ligne *i p* à l'égard de
B *o* en remarquant ce qui a efté fait pour les ordonnées, la demonftration fera toûjours la mefme comme il eft évident.

Il eft évident par la generation des Afymptotes que l'hyperbole ne les peut rencontrer, car les points *n* & *h* qui en devroient former la rencontre ne forment aucun point eftant fur la directrice, &
c'eft la raifon du nom qu'elles portent.

De plus toutes les lignes paralleles aux Afymptotes ne rencontreront l'hyperbole qu'en un point ; Car par le corollaire 3 du 22
Lemme elles feront formées par des lignes qui pafferont toutes par
les points *n* ou *h*.

POUR LES TROIS COURBES
EN GENERAL.

SI l'on mene deux touchantes N V, L V à l'une des 3 courbes, ou
bien une à chacune des fections oppofées, qui fe rencontrent en un
point V, ayant conjoint les attouchemens N L : Je dis que toutes
les lignes droites comme V P qui venant du point V rencontrent la
courbe en 2 points H, M feront coupées en 3 parties harmoniquement par le point V par la ligne courbe en H & en M, & par celle qui joint les attouchemens en P.

Fig. 38. 39. 40. 41.

En fuivant pour la demonftration, la mefme methode que cy-
vant, il eft aifé à voir que cecy eft évident, puis qu'il eft demontré dans le cercle au 9 Lemme : Car il s'enfuit par confequent que
ce fera la mefme chofe dans les courbes qui font formées par les
points du cercle.

Les mefmes chofes eftant pofées : Je dis que fi cette ligne V P
paffe par le point qui divife en deux également la ligne L N qui joint
les attouchemens elle fera diametre de la courbe.

Fig. 32. 35. 36.

Car premierement il eft évident que les 2 touchantes menées aux
extremitez de toutes les paralleles entr'elles qui rencontrent les courbes en deux points, fe rencontreront toutes fur une ligne droite,
puifque ces paralleles font formées par des lignes C *l n* qui viennent
d'un point C de la directrice, ou qui luy font paralleles ; & que par

le converfe du 11 Lemme les touchantes en *l* & en *n* fe rencontreront toutes fur une mefme ligne droite *u h m* qui joint les attouchemens des touchantes au cercle menées du point C. Mais par la generation des diametres, cette ligne *u h m* forme celuy dont les ordonnées font formées par les lignes C *l n* menées du point C; & *u h m* coupe en *p* la ligne C *n*, en forte que les quatre points C *l p n* la divife en 3 parties harmoniquement : Mais L N eft parallele à V C par le corollaire 3 du 22 Lemme, donc le point P formé par le point *p* divife en deux également L N par le 5 ou 6 Lemme, la ligne V P fera donc auffi formée par la ligne *u p*, & par confequent fera diametre.

Fig. *37.*　　Pour les fections oppofées, fi l'on examine ce qui a efté demontré pour les diametres, & les ordonnées entr'elles, la mefme chofe fera évidente.

Si l'on prend un point dans l'une des Afymptotes, & que de ce point on mene une touchante à l'hyperbole, fi par le point touchant on mene une parallele à cette Afymptote : Je dis que toutes les lignes qui pafferont par le point pris fur l'Afymptote & qui rencontreront l'hyperbole en deux points, où les fections oppofées, feront coupées en 3 parties harmoniquement par le point pris par l'hyperbole, & par la ligne qui eft parallele à l'Afymptote. Et enfin fi cette ligne eft parallele à l'autre Afymptote ; Je dis qu'elle fera coupée en deux parties égales par le point pris d'abord par l'hyperbole qu'elle ne peut rencontrer qu'en un point, & par celle qui paffe par le point touchant.

Cecy n'a pas befoin de demonftration, fi l'on confidere la generation des Afymptotes avec celles qui forment les lignes dont il eft queftion. Car pour les divers cas, ils fe peuvent entendre aifément comme on a fait aux diametres & aux ordonnées.

Fig. *42.* *43.* *44.*　　Si l'on mene une ligne droite E D V qui eftant prolongée à l'infiny, ne puiffe pas rencontrer la courbe, & qui ne foit pas Afymptote : Je dis que fi de tous les points de cette ligne droite on mene deux touchantes à la courbe, ou aux fections oppofées, comme V N, V F & D M, D H toutes celles qui joindront les attouchemens, comme N F, M H fe rencontreront en un point P au dedans de la courbe, ou de l'une des fections oppofées, ou au contraire ; Je dis de plus que toutes les lignes droites qui paffant par le point P rencontreront la courbe en deux points, où les fections oppofées, poſées, feront coupées en 3 parties harmoniquement par le point P, par les points de la courbe ou des ſections oppoſées & par la ligne E D V, & ſi cette ligne eſtoit parallele à une Aſymptote, elle feroit ſeulement coupée en deux également par le point P, par la ligne E D V & par la courbe qu'elle ne peut rencontrer qu'en un point.

Cela eſt manifeſte puiſque la meſme choſe a eſté demontrée au cercle generateur de ces courbes dans le Lemme 15. Mais ſi la ligne E D V eſtoit Aſymptote, on ne pourroit mener de tous ſes points qu'une touchante à la courbe, ou à l'une des ſections oppoſées, puiſque l'Aſymptote eſt une touchante à l'infiny comme ſa generation le montre.

Si l'on mene une ligne droite Y D qui coupe une courbe ou les *Fig.* ſections oppoſées : Je dis que ſi de tous les points de cette ligne 45. droite priſe hors de la courbe comme Y & D on mene deux tou- 46. chantes à la courbe ou aux ſections oppoſées comme Y Q, Y R 47. & D H, D M celles qui joindront les attouchemens R Q, M H ſe rencontreront toutes en un point V hors des courbes, ou au con- traire ; & je dis de plus que toutes les lignes qui paſſant par le point V rencontreront la courbe en deux points, où les ſections oppo- ſées ſeront coupées en 3 parties harmoniquement par le point V, par la ligne Y D, & par la courbe ; & ſi cette ligne eſt parallele à une des Aſymptotes, elle ſera coupée en deux également par le point V par la ligne Y D, & par la courbe qu'elle ne peut rencontrer qu'en un point.

Il ſuffit d'avertir que cette meſme choſe eſt demontrée au cer- cle generateur des courbes, dans le 16ᵉ Lemme en y ajoûtant le 9ᵉ.

Si 3 lignes droites K N, K H, D L touchent une courbe, ou *Fig.* les ſections oppoſées aux points N, H, L ; Je dis que chacune ſe- 48. ra coupée par les deux autres, & par celle qui joint leurs attou- 49. chemens, & par ſon propre point touchant en trois parties harmo- 50. niquement, comme D L aux points D, R, L, S ; & ſi elle eſtoit 51. parallele à quelqu'une de ces trois, elle ſeroit coupée ſeulement en deux parties égales par les deux autres & par ſon point tou- chant.

Cecy eſt démontré dans le cercle au Lemme 17, & ſuivant cette methode la meſme choſe eſt dans les courbes.

P

Cette proprieté des Courbes est entierement necessaire pour tracer des arcs rampants dans toutes sortes de sujetions données ; & c'est ce que je fis, & qui fut imprimé en 1672. par Monsieur Bosse, avec des particularitez sur la pratique de ces arcs selon la methode d'Apollonius, aprés avoir veu ce que Monsieur Rouget l'aisné Maistre Maçon fort intelligent dans la Coupe des pierres, avoit fait sur cette pratique. J'ay sçeu aussi que Monsieur Blondel Maistre des Mathematiques de Monseigneur le Dauphin, avoit travaillé là dessus avant que j'y eusse pensé, mais je n'ay pas encore pû voir ce qu'il en a fait ; & je ne fais point de doute que ce ne soit quelque chose de tres beau, puis que cela vient d'un si grand homme.

FIN.

Fautes à corriger.

PAge 18. ligne 32. ligne A P. *lisez*, ligne A p

Pag. 27. lig. 28. donnée : car, *lisez*, donnée par

Pag. 34. lig. 27. à l'autre, *lisez*, à cette. *Ligne* 28. remontre, *lisez*, rencontre. *Ligne* 29. à l'autre, *lisez*, à cette

Pag. 42. lig. 18. E F par, *lisez*, E F. Par

Pag. 59. lig. 1. A C, *lisez*, A F

Pag. 64. lig. 18. coupant, & du plant, *ostez*, coupant. *Ligne* 21. du coupant, *lisez*, du sommet.

Pag. 76. lig. 30. sera au triangle, *ostez*, au triangle.

Pag. 78. lig. 29. a B C, *lisez*, a b c

Pag. 85. lig. 27. l'on voudra, *ajoutez-y*, paralleles entr'elles

Pag. 86. lig. 37. point i on mene A i, *lisez*, point I on mene A I

Pag. 87. lig. 34. point est parallele & égale Q A, *lisez*, point C est parallele & égale à Q A par le 13 Lem.

Pag. 88. lig. 6. par ses, *lisez*, par une de ses

Pag. 90. lig. 37. Q &, les égales, *lisez*, les égales Q & ;

Le Relieur sera aussi averty de joindre les Planches 24 & 25 à la suitte des autres.

www.ingramcontent.com/pod-product-compliance
Lightning Source LLC
Chambersburg PA
CBHW071216200326
41519CB00018B/5544